传热传质中的纹影与阴影方法

Schlieren and Shadowgraph Methods in Heat and Mass Transfer

[印度] 普拉迪普塔·K. 帕尼格拉希
克利希纳穆尔蒂·穆拉利达尔 著

陈　植　全鹏程　宋　强　杨　可　黄振新
魏　志　夏洪亚　李腾骥　冯黎明　张　兆 译

国防工业出版社
·北京·

著作权合同登记　图字：01-2022-5987 号

图书在版编目（CIP）数据

传热传质中的纹影与阴影方法/(印) 普拉迪普塔·K. 帕尼格拉希，(印) 克里希纳穆尔蒂·穆拉利达尔著；陈植等译. —北京：国防工业出版社，2023.3

书名原文：Schlieren and Shadowgraph Methods in Heat and Mass Transfer

ISBN 978-7-118-12859-8

Ⅰ. ①传… Ⅱ. ①普… ②克… ③陈… Ⅲ. ①纹影显示　Ⅳ. ①O354

中国国家版本馆 CIP 数据核字（2023）第 060347 号

First published in English under the title
Schlieren and Shadowgraph Methods in Heat and Mass Transfer
by Pradipta K. Panigrahi and Krishnamurthy Muralidhar
Copyright © Pradipta K. Panigrahi and Krishnamurthy Muralidhar, 2012
This edition has been translated and published under licence from
Springer Science+Business Media, LLC, part of Springer Nature.
本书简体中文版由 Springer 授权国防工业出版社独家出版。
版权所有，侵权必究。

※

国防工業出版社出版发行
（北京市海淀区紫竹院南路 23 号　邮政编码 100044）
北京龙世杰印刷有限公司印刷
新华书店经售

*

开本 710×1000　1/16　插页 4　印张 8¼　字数 145 千字
2023 年 3 月第 1 版第 1 次印刷　印数 1—1500 册　定价 99.00 元

（本书如有印装错误，我社负责调换）

| 国防书店：(010) 88540777 | 书店传真：(010) 88540776 |
| 发行业务：(010) 88540717 | 发行传真：(010) 88540762 |

前言

在相当多的情况下，人们需要对某些区域的速度和温度变化进行精细和连续的测试。使用合适的光源，可以得到横截面上速度和温度场随时间变化的信息。如果感兴趣的区域是透明的，折射率将成为场变量，利用光线弯曲效应就可以用于提取关于温度的信息；类似的原理可以用于确定溶液中盐的浓度；并且，随时间变化的光强图像也可用于确定流体速度。本书主要讨论出现在这些测量、实验装置和数据分析中所涉及的基本原理。

尽管激光测量技术在过去的30年里变得非常普遍，但主要是将之作为一种定性的流动可视化工具。然而，过去10年的文献同样强调了其定量测量的可能性。光学成像可以使用透明介质中的透射光或示踪粒子的散射光来进行。利用折射率依赖于密度的原理（间接依赖于浓度和温度），可以实现很多种不同的光学测量方法。本书介绍的3种可用方法包括：干涉测量法、纹影法和阴影法，这3种方法通过记录的图像可以分析传输变量随时间变化的三维分布。

光学测量方法是非接触的、无惯性延迟的，并且可以对实验装置的横截面成像。通过适当的设置，可以在具有非定常效应的三维物理区域进行实验。因此，在与输运现象相关的应用中，光学方法有望解决测量领域的难题：获取非定常的三维数据。本书旨在让读者对这一激动人心的发展有一个初步的了解。

由作者撰写的配套图书《传热传质过程成像——可视化和分析》讨论了出现在各种应用中的基于折射率的成像。

Pradipta K. Panigrahi
Krishnamurthy Muralidhar

致谢

非常感激和我们一起研究流体和热系统中激光成像的博士生和硕士生。感谢以下已经毕业的博士生的贡献，他们将激光测量作为一项全职职业，他们是：Sunil Punjabi、Atul Srivastava、Sunil Verma、Surendra K. Singh、Anamika S. Gupta。

我们使用了他们的博士论文中的相关数据。我们还使用了 Atanu Phukan、Srikrishna Sahu、A. A. Kakade、Kaladhar Semwal、Rakesh Ranjan 和 Vikas Kumar 的硕士论文中的数据。

Alok Prasad、Ankur Sharma、Yogendra Rathi、B. R. Vinoth、Prateek Khanna、Abhinav Parashar、Yogesh Nimdeo 和 Veena Singh 为我们提供了数据，感谢他们付出的宝贵时间。

资助机构的资金支持使得我们能够研制本书中介绍的设备和测量系统。非常感谢新德里科学技术部、孟买核科学研究委员会和新德里人力资源开发部给予的支持。

感谢《热科学简报》系列编辑 Frank Kulacki 教授提供的机会和持续的鼓励。

感谢我们研究所提供的氛围和家人的大力支持。

目录

第1章 光学测量：概述 ... 1
- 1.1 引言 ... 1
- 1.2 研究背景 ... 1
- 1.3 光学方法 ... 3
- 1.4 光源 ... 4
  - 1.4.1 激光简介 ... 4
  - 1.4.2 激光的特点 ... 5
- 1.5 干涉现象 ... 7
  - 1.5.1 温度测量 ... 10
  - 1.5.2 双波长干涉测量 ... 13
  - 1.5.3 马赫-曾德尔干涉仪 ... 13
  - 1.5.4 条纹分析 ... 15
  - 1.5.5 折射误差 ... 16
- 参考文献 ... 19

第2章 激光纹影与阴影 ... 20
- 2.1 引言 ... 20
- 2.2 激光纹影 ... 20
  - 2.2.1 刀口的布置 ... 22
  - 2.2.2 纹影图像分析 ... 23
  - 2.2.3 灰度滤光片 ... 31
- 2.3 背景导向纹影 ... 31
  - 2.3.1 实验细节 ... 32
  - 2.3.2 数据分析 ... 32
- 2.4 阴影技术 ... 34
  - 2.4.1 控制方程及其近似 ... 36
  - 2.4.2 泊松方程的数值解 ... 39

2.5 小结 ·· 40
参考文献 ·· 41

第3章 彩虹纹影 ·· 43
3.1 引言 ·· 43
3.2 光路布置 ·· 43
3.3 滤光片设计 ·· 44
  3.3.1 一维彩虹滤光片 ·· 45
  3.3.2 二维彩虹滤光片 ·· 46
3.4 HSI 参数 ··· 48
  3.4.1 一维滤光片的标定 ·· 50
3.5 彩色纹影图像的形成 ·· 50
  3.5.1 轴对称场的分析 ·· 54
3.6 彩色纹影与单色纹影对比 ·· 56
参考文献 ·· 56

第4章 层析成像原理 ·· 58
4.1 引言 ·· 58
4.2 概述 ·· 58
4.3 卷积反投影 ·· 61
4.4 迭代技术 ·· 62
  4.4.1 ART 算法 ·· 64
  4.4.2 MART 算法 ·· 69
  4.4.3 熵优最大化算法 ·· 71
4.5 层析算法检验 ·· 73
  4.5.1 带孔圆盘的重构 ·· 73
  4.5.2 数值生成热场的重构 ·· 76
4.6 外推法 ·· 81
4.7 仿真数据重构过程的验证 ·· 83
  4.7.1 ART 与 CBP 应用于实验数据的对比 ·· 87
4.8 射流相互干扰 ·· 89
4.9 非定常数据的处理方法 ·· 91
参考文献 ·· 93

第5章 有效性研究 · · · · · · 97

5.1 引言 · · · · · · 97
5.2 差异受热流层中的对流 · · · · · · 97
5.2.1 努塞尔数的计算 · · · · · · 99
5.2.2 干涉测量、纹影与阴影 · · · · · · 99
5.2.3 彩虹纹影技术 · · · · · · 101
5.3 晶体生长过程中的对流现象 · · · · · · 107
5.3.1 对流现象 · · · · · · 107
5.4 定常双层对流 · · · · · · 111
5.4.1 硅油的温度变化 · · · · · · 112
5.4.2 阴影图像分析 · · · · · · 114
5.5 浮力射流 · · · · · · 117
5.6 受热圆柱尾迹 · · · · · · 119
5.6.1 热线与纹影信号的对比 · · · · · · 121
参考文献 · · · · · · 122

第6章 终篇 · · · · · · 123

6.1 引言 · · · · · · 123
6.2 干涉、纹影和阴影的对比 · · · · · · 123
6.3 应用 · · · · · · 124

第 1 章　光学测量：概述

关键词：激光；干涉；相干；条纹成形；折射；洛伦兹-洛伦茨公式

1.1　引　　言

本章主要阐述流体传质传热中涉及的光学测量技术的基本概念。一般认为流体介质对于光线的传播是透明的，各类光学方法获得的光强分布和对比度取决于所关注的流场区域的折射率变化，因而包括干涉、纹影、阴影等在内的适用于流场的光学测量技术都是互相关联的。激光作为一种重要的光源，是光学测量当中必不可少的一部分，因此本章将会对激光及其分类做一个简单介绍。干涉技术受到光线偏折误差的影响，但相反，光线偏折又是纹影和阴影的技术基础，这些内容将在后续章节中讨论。

1.2　研究背景

众所周知，光学方法在视场扫描和无接触测量方面有着特殊的优势。尽管光学方法已经被使用了超过半个世纪，但在过去的十年里又有了很多新的发展，这得益于高性价比激光器和高性能计算机的普及。而普遍存在传热的流体是透明介质这一现象又进一步促进了激光测量在热科学中的应用[1-7]。

流体中涉及的流动和传热的全场激光测量可以通过多种方法来实现：阴影、纹影、干涉、散斑以及粒子或像测速（PIV）等，本书主要通过纹影来测量流体的温度场和浓度场。

使用电荷耦合器件（CCD）相机和图像采集卡记录光学图像的时间序列使得数据分析成为可能。并且，所获得的光学图像可以通过计算机提高质量，或者进行边缘检测、条纹细化以及对比度增强等基于光强的图像处理。

同时，如果和层析技术相结合，激光测量也可以拓展至测量三维的温度和浓度场。在这种情况下，光学图像可以看成是热场和组分浓度场在不同切面的投影数据，通过适当的算法就可以重构出三维数据。原理上说，层析技术可以应用于阴影、纹影、干涉或者其他任何技术获得的一组投影数据[6-8]。本书对纹影数据应用于层析技术进行了介绍。相关的结论可以延伸至阴影和干涉。

在透明介质中，光与材料之间的作用定义为折射率系数 n：

$$n = \frac{c}{c_0}$$

式中：c_0 为光在真空中的传播速度；c 为光在透明介质中的传播速度。

可以证明折射率满足关系 $n \geq 1$，在真空条件下达到最小值 $n=1$。折射率之所以在光学测量中被使用，是因为对于各向同性透明介质来说，折射率仅和密度有关。另外，密度又取决于温度和组分浓度，所以折射率场中的非均匀性又可以转化为与传热传质相关的信息。

这里有必要解释散射这个物理现象，也就是光与物体的相互作用。当一束波长为 λ 的光入射到直径为 d_p 的颗粒上时，散射的能量将随入射光的光强、入射方向、波长、相位以及偏振等其他性质变化。其中，最显著影响散射强度的性质是入射光波长与粒子直径之比，大致来说，我们可以将它分为以下几类。

(1) 几何光学：$\dfrac{\lambda}{d_p} \ll 1$。

(2) 波动光学：$\dfrac{\lambda}{d_p} \approx 1$。

(3) 量子光学：$\dfrac{\lambda}{d_p} \gg 1$。

包括激光多普勒测速、图像粒子测速、激光诱导荧光，以及瑞利拉曼散射等测量技术都和光与物体的作用紧密相关，但是这并不在本书的讨论范围之内。

本书主要介绍透明介质和目标流场的折射率分布所产生的光学图像。干涉、纹影以及阴影 3 种光学技术的光学布置是相互关联的，它们都检测流场的折射率变化。在这三者中，本书重点介绍的是纹影，同时也部分介绍了输运现象中的阴影成像。

1.3 光学方法

折射率相关的测试技术通过检测电磁辐射的波动特性来测量温度和浓度分布。光学成像在可见光的电磁光谱范围内工作（波长 λ = 400~700nm），光学成像的结果对肉眼可见。光学效应主要和电场相关，和磁场关系不大。所以，为了分析方便，源自光源的光线的传播可以描述为

$$E = \sum_j A_j \sin\left(\frac{2\pi}{\lambda_j}(ct-x) + \phi_j\right) \quad (1.1)$$

式中：E 为电场强度；A_j 为波长 λ_j 对应的幅值，其中 ϕ_j 是第 j 个谐波的相位；c 为光速；t 和 x 为时间和空间坐标。

对于一个白色光源，电子跃迁在时间上是随机的，因而各个谐波的相位也是随机量。单色光源只有一个波长，并且相位可以设置为零，则

$$E = A\sin\left(\frac{2\pi}{\lambda}(ct-x)\right) \quad (1.2)$$

尽管电场 E 通常是一个矢量，在光学测量中通常只使用一束或多束几乎平行的光，因此通常只考虑 E 的幅值。由单色光源产生的具有相位差 ϕ 的两个单色波前可以表达为

$$\begin{cases} E_1 = A\sin\left(\frac{2\pi}{\lambda}(ct-x)\right) \\ E_2 = A\sin\left(\frac{2\pi}{\lambda}(ct-x) + \phi\right) \end{cases} \quad (1.3)$$

干涉测量正是基于这些方程所包含的信息，相位差 ϕ 和如下定义的路径差 δ 等价：

$$\delta = \frac{\lambda}{2\pi}\phi$$

式中：δ 称为光程长度，与 x 坐标表示的几何光程长度形成对比。

几何路径长度是距离测量的基础，而相位差是距离、速度、密度和温度测量的基础。然而，只有当相位差稳定且与时间无关时，这些测量才有可能。这种相位条件要求光源是相干的，而激光是一种高质量的单色相干光源，适用于光学测量。

1.4 光　　源

传统的光源发出的辐射是一系列空间连续分布的随机现象，其中一项就是受激发原子向低能级跃迁过程中的辐射。这种向下跃迁所遵循的原则决定了光子辐射的波长。发射的能量 e 和波长 λ 的关系为 $e = hc/\lambda$，其中 h 为普朗克常数。辐射原子的平均寿命是 1.6×10^{-8}s，单个波串的平均长度是 $CL = cT = 4.8$m。钨丝的相干长度至多是几分之一毫米，但是相比之激光产生的相干长度可以达到几分之一米。除此之外，激光束还很细，可以看成是一个点光源发出的。

1.4.1 激光简介

激光（Laser）是 "light amplification by stimulated emission of radiation" 的英文简写，这一小节我们简要介绍激光操作所涉及的主要原理，主要包括以下几种。

（1）亚稳态。通常来说，原子的价电子可以被激发到更高的能级，然后通过发射光子回到基态。某些特殊的材料在基态之上还存在着其他的能级，这就大大增加了电子返回基态的时间。但是，电子在返回基态的过程中有可能和光子发生碰撞。尽管如此，正常激发电子的平均寿命为 10^{-8}s，而在亚稳态下，它可以高达 10^{-2}s。

（2）光泵浦。有可能通过光吸收将电子提升到亚稳态，这个过程称为光泵浦。

（3）荧光。电子从亚稳态跃迁到基态时发射的光被称为荧光。在光源内部，气体压力保持在一个比较低的值来减小粒子碰撞的可能性，从而增加亚稳态下的粒子寿命，并且减小热量的产生。因此，产生的电子跃迁主要归类为荧光。

（4）粒子数翻转。当亚稳态的电子数超过基态的电子数时，就获得了粒子数反转。

（5）谐振。在没有碰撞的情况下，经历亚稳态跃迁的电子将以吸收频率相同的频率产生辐射，这种现象称为谐振。

（6）受激辐射。亚稳态电子跃迁过程中释放的光子可以激发另外一个高能电子释放一个频率、方向、偏振、相位和速度都相同的光子。这两个光子完全相同，产生的辐射在时间和空间上都是相干的。基态的受激发射和受激吸收概率是完全相等的。从净辐射的角度而言，要产生一个光源，关键是形成粒子数反转。

（7）腔振荡。当具备亚稳态气体和粒子数翻转之后，就可以产生光源了。但是，将气体限制在两个平行反射镜之间可以提高激发的效率。反射能够提高激发强度并且导致大量光子在反射镜之间的腔体内来回运动。长度为 $L=N\lambda_L$（N 为正整数）的空腔将产生波长为 λ_L 的驻波，其他的波长将以热能的形式耗散。如果在一个反射镜的反射涂层上开一个小圆孔，就可以使得波长为 λ_L 的平面偏振单色光从中透过，并用于测量。

（8）氦-氖激光器。氦-氖激光器是光学测量中广泛使用的一种光源，连续波输出通常在 0.5~75mW 之内，波长为 632.8nm。它结构坚固、经济、运行稳定。图 1.1 给出了这种激光器的示意图。图中的 1 和 2 分别是全镀银和部分镀银的镜子，两者之间形成一个空腔。V 是用来激发氦原子的高压直流电源。空腔内气体压力低，氦和氖的分压分别为 1mm Hg（1mm Hg ≈ 0.133kPa）和 0.1mm Hg（标准大气压（1atm ≈ 0.101MPa）的 1/300 和 1/3000）。激光是氖原子的受激发射产生的。氦原子被外加电压激发到亚稳态后，可以通过与未激发的氖原子碰撞而回到基态。在这个过程中，处于最高能级的氖原子数增加。当氖原子回到较低的能级时，释放的光子激发受激氖原子产生额外辐射，整个过程被腔壁上的反射镜强化。通过适当选取腔体的长度可以产生一种波长为 632.8nm 的橙红色激光。

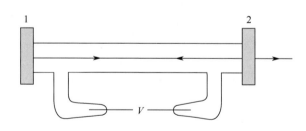

图 1.1　氦-氖激光器结构简图（反射镜 1 和 2 之间形成光学腔，高压直流电源 V 用于将氦原子激发至高能级状态）

1.4.2　激光的特点

就测量而言，激光属于具有某些特殊用途的光源范畴。与实体探针（如热电偶）不同，激光通常被称为光子探针。然而，流动参数的测量可能依赖于光的类波性质。尽管光是以波的形式传播的，但是从物质中产生光是一种量子机制的现象。事实上，它是一种电磁波辐射，是在可见范围内（波长为 400~700nm）的电磁辐射。在常规光源中，如钨丝灯，金属丝被电加热到足够高的温度。在热激励下，电子会跃迁到更高的能级。在回到基态的过程中，它们会发射光子。靠近材料表面发生的跃迁导致向环境的净辐射。如果灯丝温度足够高，光子将是高能的，辐射光波长可以落在可见光范围内。遗憾的是，这种光源在实际测量中的效用有限。

与激光表现出的性能不同，钨丝灯通常称为传统光源。灯丝发出的光的特点是时间上随机、空间上发散光子能量分布在几个不同的波长上，因此产生多色辐射。时间上的随机性决定了灯丝发出的波包的相位实际上是不相关的。此外，发射指向所有方向，强度随着距离的增加而减小。与之相反，激光的输出的特点是单色性好、强度高、方向性好、相干性强。

标准具是一种激光器内部的光学干涉仪，用于改进输出光的相干性。

表 1.1 总结了各种商用激光器的性能。其中，氦-氖激光器在测量中最受欢迎。液体中的测量或者需要多条线（波长）时，最好使用氩离子激光器，因为它在较高功率输出时具有出色的相干性。CO_2 激光器不适用于流动测量领域，但在制造行业使用广泛，比如涉及钻孔或者切割等操作。

表 1.1 不同种类激光的参数 [2]

介质	物相	模式	波长 λ/nm	功率	脉冲能量	相干波长/cm
氦-氖	气体	连续式	632.8（橙-红）	0.1~75mW	—	20
氩离子	气体	连续式	488（蓝色）514	0.1~10 W	—	5~2000（标准具）
氪	固体	连续式	47~676	0.1~0.9W	—	5~18
红宝石	固体	脉冲式或连续式	694	0.1~1W	500~2000mJ	50~500（标准具）
Nd: YAG	固体	脉冲式	1064		0.1~100J	1
二氧化碳	气体	脉冲式或连续式	1062	10kW	2000mJ	小

表1.2总结了各种应用中采用的光学测量技术。为了完整起见，包括了使用白光的例子。

表1.2 适用于测量速度、温度和浓度的光学方法[5]

方法（物理机制）	入射光	测量参数	检测量	实时	空间维度
干涉（折射率）	单激光束	光强	温度和浓度	是	二维（积分）
纹影和阴影（折射率）	单激光束	光强	温度和浓度	是	二维（积分）
彩色纹影（折射率）	白光	色度	温度和浓度	是	二维（积分）
LDV（弹性散射）	双激光束（每分量）	多普勒频移	速度	是	点
PIV（米氏（Mie）散射）	激光片光	光强	速度矢量	是	二维和三维
LCT（米氏散射）	白光	色度	温度和剪切	是	二维
LIF（荧光）	激光片光	光强	温度和浓度	是	二维
CARS（非弹性散射）	双激光束	光强谱	温度和浓度	否	点

注：LDV—激光多普勒测速；PIV—粒子图像测速；LCT—液晶测温；CARS—相干反斯托克斯拉曼光谱；LIF—激光诱导荧光。

1.5 干涉现象

考虑来自给定单色光源的两个几乎平行的电磁波的叠加，二者因为有相位差ϕ、振幅相等差别，所以波前的叠加公式为[3]

$$E_1 + E_2 = A\left[\sin\left(\frac{2\pi}{\lambda}(ct-x)\right) + \sin\left(\frac{2\pi}{\lambda}(ct-x)+\phi\right)\right]$$

$$= 2A\cos\frac{\phi}{2}\sin\left(\frac{2\pi}{\lambda}(ct-x)-\frac{\phi}{2}\right) \tag{1.4}$$

合成光束的光强$I=4A^2\cos^2\phi/2$，随相位差的变化曲线已在图1.2给出。对于人眼来说，低于某一阈值的强度将被视为暗的，而高于该阈值的强度将是亮的。当然，光传感器可以检测亮度的微小变化。对于观察者来说，图1.2的强度分布是一系列暗斑和亮斑，称为条纹。

如图1.2所示，强度均匀但有相位差的两个光束的叠加产生了明暗交替的干涉图样，即条纹。对应最高强度的两条线之间的间距称为条纹偏移，在图中标记为ε，也可以通过相邻最小强度线之间的间距来获得。由于强度随

$\cos^2\phi/2$ 而变化，因此一个条纹位移的对应的相位差是 2π，等效光程差为 λ。干涉条纹是有序的，也就是说，从左边数第 n 个条纹将表示相对于参考波 $2n\pi$ 的相位差。距离测量中使用整数个条纹位移，因而距离测量的分辨率为 λ。

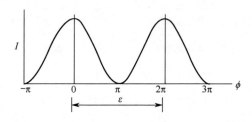

图 1.2　两束相干波强度 I 随相位差 ϕ 的变化

在一个给定的问题中，光束的各个部分穿过不同的光路，相位差是随空间分布的变量。在干涉测量中，将光束与具有恒定相位的光束结合使用。在两者相位差为 $(2n-1)\pi$ 的区域，$n=1,2,\cdots$ 组合光束的强度为零，得到相消干涉，而当相位差为 $2n\pi$ 时，得到相长干涉。相应的光程差分别为 $(2n-1)\lambda/2$ 和 $n\lambda$。相位场可以被相机以条纹图案形式记录下来，用于提取所研究问题的主要变量的信息。实际应用中的定量测量，要求存在恒定相位线形成的条纹，并且可以识别条纹之间的条纹偏移。

从式（1.4）可知，只有满足以下条件，干涉图案才是稳定的：

（1）每个波列都穿过了相同的几何距离 $x=L$；

（2）单点的相位和两点之间的相位差都不随时间变化。

条件（1）要求光源是点光源。条件（2）要求光源始终连续地发出光波。激光在很大程度上满足了这些要求，传统光源则不能。

考虑光在均匀介质中的传播，如图 1.3 所示。为了使干涉图案在时间上稳定，需要 $\phi_3=\phi_4$ 并且 $\phi_2-\phi_1$ 与时间无关，对应是空间和时间相干的条件。例如，钨丝灯等的传统光源，发光时间不固定，相位是一个随机变量。相位质量是激光的一个独特性质。

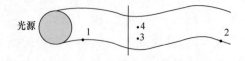

图 1.3　时间相干（点 3 与点 4）与空间相干的定义（点 1 与点 2）

利用干涉现象进行测量的仪器称为干涉仪。稳定有序的干涉图样是所有干涉测量的先决条件。然而，实际使用中不存在完美相干的光源，干涉的质量取决于相干长度 CL，即图 1.3 中点 1 和 2 之间的最大距离，在该距离上 $\phi_2-\phi_1$ 与时间无关。氦-氖激光器的相干长度为 $100\sim200\text{mm}$，适用于干涉测量。具有标准具的氩离子激光器相干长度更大、功率更高，并且可以产生两个可见光范围内的波长。

下面介绍两个计算光束相位差的重要结论：当光线从小密度材料入射到大密度材料（图 1.4（b））时，密度为 ρ、折射率为 n，也就是说 $\rho_1<\rho_2$、$n_1<n_2$，反射后产生的相位差 $\phi_b-\phi_a=\pi$。

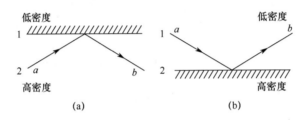

图 1.4 材料表面反射引起的相位差（介质 2 密度大于介质 1）

当光线从大密度材料入射到小密度材料时，$\rho_1<\rho_2$、$n_1<n_2$，则反射光束相位与入射光束保持一致，也就是说 $\phi_a=\phi_b$。

以图 1.5 中劈尖干涉形成的条纹为例。一个透明玻璃板 A 放置在 B 上，间距 d 随位置变化。表面 2 是部分镀银的半透半反射面，表面 3 是全镀银的全反射面，光线从垂直方向入射。光束 a（A 反射的光线）和光束 b（B 反射的光线）叠加形成的干涉图纹如图 1.5 所示，如果入射光线的相位为 ϕ，有 $\phi_a=\phi$，则

$$\phi_b = \phi + \pi + 4\frac{\pi d}{\lambda}$$

玻璃板块 A 产生的相位差可以忽略，因为它的影响对光束 a 和光束 b 而言很小，则

$$\phi_a - \phi_b = 4\frac{\pi d}{\lambda} + \pi$$

在两个玻璃板的接触点 $d=0$，则两束光之间的相位差是 π，第一道干涉条纹是相消干涉产生的暗条纹。从第 i 到第 $i+1$ 道条纹，间距从 d_i 变为 d_{i+1}，$\phi_a-\phi_b=2\pi$，则

$$d_{i+1} = d_i + \frac{\lambda}{4}$$

式中：系数 1/4 是因为光束 b 在间距 d 内来回反射两次。

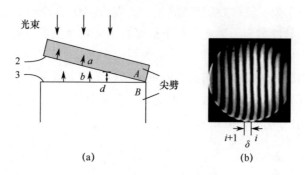

(a)　　　　　　　　　　(b)

图 1.5　空气间隙（a）形成的劈尖干涉条纹（b）（光束 a 来自部分镀银的玻璃板内部反射，光束 b 来自完全镀银的玻璃板的表面反射，d 为玻璃板与底面之间间隙的距离）

上述公式意味着从第一暗条纹处间距 $d=0$ 开始，可以对 d 进行测量。同一道条纹所在处的间距 d 相等，条纹代表着不平坦表面间距的等值线。这种劈尖干涉的方法可以直接用于测量空气间隙 d 的厚度，也可以利用干涉条纹的平直度来反映物面的平整度。

1.5.1　温度测量

在与传热传质有关的测量中，光束相位的变化源于介质折射率的变化，透明材料的折射率定义为

$$n = \frac{c(\text{真空})}{c(\text{材料})}$$

式中：c 为光速。

介质中光速的降低可以等效视为电磁波传播光程的增加，也就导致了相位差的出现。介质的折射率主要取决于密度，二者通过洛伦兹-洛伦茨公式联系在一起[1]：

$$\frac{n^2 - 1}{\rho(n^2 + 2)} = \text{常数} \tag{1.5}$$

对于气体 $n \approx 1$，式（1.5）可简化为

$$\frac{n-1}{\rho} = \text{常数}$$

因此在气体中，导数为

$$\frac{\mathrm{d}n}{\mathrm{d}\rho} = 常数$$

在液体中，如果密度的变化很小，上述导数也可近似为常数。

对不太大的温度变化（空气中10℃），密度 ρ 和温度 T 是线性相关的：

$$\rho = \rho_0(1 - \beta(T - T_0)),\ \beta > 0$$

这表明

$$\frac{\mathrm{d}n}{\mathrm{d}T} = 常数$$

因此，这就意味着温度的变化会同时表现为折射率的变化，传质问题中密度随溶液浓度场变化，这一结论同样适用。

注意：

（1）折射率也受到光源波长的影响，因为式（1.5）以及后续的几个公式中的常数项是关于波长的函数，本书中使用到的数据是以氦-氖激光器作为光源。

（2）折射率和波长的相关关系通常由柯西公式给出[9]：

$$n(\lambda) = A + \frac{B}{\lambda^2} + \frac{C}{\lambda^4} + \cdots$$

在液体和固体中二者的相关性要高于气体。对于大部分情况，取等式的前两项就足够了。

（3）洛伦兹-洛伦茨公式只是密度和折射率关系的一种特殊表现形式，更一般地，二者的关系可以表示为变量 ρ、T、C 的维里展开式：

$$\frac{n^2 - 1}{\rho(n^2 + 2)} = a_0 + a_1\rho + a_2 T + a_3 C$$

对大多数介质来说，除了通过密度改变折射率，温度和浓度对折射率的独立影响实际上通常都很小，因而式（1.5）可以表达为更一般的形式：

$$\frac{n^2 - 1}{\rho(n^2 + 2)} = a_0 + a_1\rho$$

这一修正对气体的影响很小。在液体中，上式右边第二项对 $\mathrm{d}n/\mathrm{d}\rho$ 的影响为 5%~10%。

现考虑光在长度为 L 变温度气体介质中的传播（图1.6），L 即为光束传播的几何长度，考虑折射率变化修正的光程为

$$PL = \int_0^L n\mathrm{d}z$$

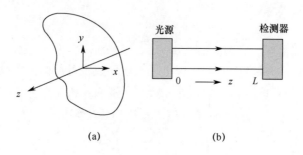

图1.6 流体介质中的坐标轴（z是光线传播方向，x-y是横截面，L表示实验段在z方向的长度）

因为$n>1$，则上式的积分大于L（真空$n=1$除外，其积分结果即为L）。假设光束1穿过一段变密度的区域，或者说变折射率场，光束2穿过一段等密度（折射率）场，产生光程差可以利用一阶泰勒展开计算为

$$\Delta PL = PL_1 - PL_2 = \int_0^L (n_1 - n_2)\,\mathrm{d}z$$

$$= \frac{\mathrm{d}n}{\mathrm{d}\rho}\int_0^L (\rho_1 - \rho_2)\,\mathrm{d}z$$

$$= \frac{\mathrm{d}n}{\mathrm{d}T}\int_0^L (T_1 - T_2)\,\mathrm{d}z \tag{1.6}$$

如果温度T_1是一个二维场$T_1(x,y)$，则式（1.6）分可以简化为

$$\Delta PL = (T_1 - T_2)\frac{\mathrm{d}n}{\mathrm{d}T}L \tag{1.7}$$

由于一个光程差λ会产生一个条纹平移，则对应地，产生一个条纹平移所需要的温度差为

$$\Delta T_\epsilon = \lambda / \left(L\frac{\mathrm{d}n}{\mathrm{d}T}\right) \tag{1.8}$$

在空气中，$\mathrm{d}n/\mathrm{d}T=-0.927\times10^{-6}/℃$；在水中，$\mathrm{d}n/\mathrm{d}T=-0.88\times10^{-4}/℃$。这两个导数在正常情况下皆为负值，因为压力为常数时，密度随温度升高而降低（大多数情况下）。

氦氖激光器波长为$\lambda = 632.8\mathrm{nm}$，则每个条纹对应的$L\times\Delta T_\epsilon$是$0.682℃\cdot\mathrm{m}$（空气）和$0.0072℃\cdot\mathrm{m}$（水）。注意，$\Delta T_\epsilon$的值随几何长度$L$的增加而减少。实际测量中可以通过在光传播方向上选择合适尺寸的装置来调节测量灵敏度。高温测量中选择小尺寸的L，而在低温测量中选择大尺寸的L。但是，折射和高阶误差项决定了 L 的最大取值（见 1.5.5 节）。

上面的讨论表明干涉图谱中的每一个条纹都对应着相等的相位、相等的折射率、相等的密度，也就是相等的温度，也就是一条等温线。这种解释在干涉图纹的定性解释中有帮助。

因为忽略了泰勒展开中的高阶项，式（1.6）~式（1.8）对小密度变化情况适用。这种近似的准确性需要进行独立的实验验证。另外，光程的表达式假设光线沿着直线传播，但是在更一般的情况下，光线折射会发生偏折，传播路径是曲线 $s=s(x,y,z)$，光程应该是沿着这条曲线的积分：

$$PL = \int n(x,y,z)\,\mathrm{d}s \tag{1.9}$$

1.5.2 双波长干涉测量

对于既有温度也有浓度变化存在的实验，常常采用双波长激光来产生两组干涉图。如果灵敏度 $\partial n/\partial T$ 和 $\partial n/\partial C$ 在两个波长的差值很大，双波干涉就可以分离两组参数的影响，比如说温度和浓度。这个问题就类似于求解两个含两个未知量的方程。对于同时受温度和浓度影响的过程，折射率的变化可以记为

$$\Delta n = \frac{\partial n}{\partial T}\Delta T + \frac{\partial n}{\partial C}\Delta C \tag{1.10}$$

测量按照条纹的顺序依次进行，在光线传播方向长度为 L 的装置中，第 N 道条纹对应的折射率变化为

$$\Delta n = \frac{N\lambda}{L}$$

因此，对于波长 λ_1 和 λ_2，相应的折射率为 n_1 和 n_2，可以得到

$$\frac{N\lambda_1}{L} = \frac{\partial n_1}{\partial T}\Delta T + \frac{\partial n_1}{\partial C}\Delta C$$

$$\frac{N\lambda_2}{L} = \frac{\partial n_2}{\partial T}\Delta T + \frac{\partial n_2}{\partial C}\Delta C$$

利用这两个公式可以同时解算出物理域中密度和浓度的变化 ΔT 和 ΔC。

1.5.3 马赫-曾德尔干涉仪

马赫-曾德尔干涉仪是传热传质实验研究中一种常用的测量仪器。在图 1.7 中，实验装置位于光束 2 的传播光路上。当温度（或浓度）在平行与

光线传播方向均匀分布，且只在横截面内作二维变化时，可以进行定量的实验测试。否则，光束将在穿过实验单元的过程中沿着光路对温度积分，只能得到定性的实验结果。参考光束1穿过与实验单元相同的区域，唯一的区别是该区域内的流体温度分布均匀。对于空气中的测试，参考光只需要穿过室内空气，不需要特殊的处理；对于液体中的测试，需要采用一个装有恒温液体的补偿室，使得光程差的产生只和温度（或浓度）相关。空间滤波器扩展激光束，随后使用凸透镜使激光束准直，空间滤波器与透镜一起构成干涉仪的准直装置。

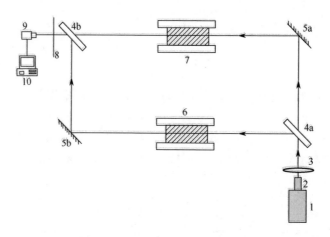

图 1.7　马赫-曾德尔干涉仪简图

1—激光；2—空间滤波器；3—凸透镜（或平凸镜）；4—分光器；5—反射镜；
6—测试单元；7—补偿室；8—屏幕；9—CCD 相机；10—计算机。

除了反射镜和分束器有可能带来的角度误差，光束1和光束2的初始几何路径几乎相等。经过调整后，干涉仪将趋于完全对齐状态。初始的干涉图案与劈尖干涉图案一样，条纹之间的间距随光路布置的对齐程度的提升而增加。最理想的初始状态是整个视场只含有两道相距很远的条纹，称为无限条纹设置。从激光器到屏幕，参考光束和测试光束中的每个点都具有相同的路径长度，测试光束路径中的热扰动会产生图案，每个条纹都是一条等温线。

马赫-曾德尔干涉仪并非总是使用两个波前平行的干涉光束，如无限条纹的设置。另外一种方式是在光路调节的过程中故意使两个波前错位，形成一个小角度 θ。发生干扰后将形成明暗相间的条纹，分别代表相长干涉和相消干涉的位置，如图 1.8 所示。这些平行等间距分布的条纹也就是 1.4 节中介绍过的斜劈干涉条纹，斜劈干涉条纹的间距 d_w 是关于倾角 θ 和激光波长 λ 的函数：

$$d_w = \frac{\lambda/2}{\sin\theta/2} \approx \frac{\lambda}{\theta}$$

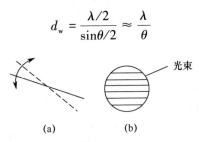

图 1.8　马赫-曾德尔干涉仪光学系统调节误差（a）产生的干涉条纹（b）
（图（a）中实线和虚线分别代表对齐的和未对齐的光学元件）

如果测量光路上存在热扰动，则干涉条纹就会出现变形，变形的程度和当地温度变化的大小有关系。因此，利用干涉条纹成像就可以揭示物理现象中的温度场信息。

1.5.4　条纹分析

图 1.9（a）中给出了蜡烛火焰上方利用无限干涉和斜劈干涉两种方式形成的条纹图像。左边起第一和第三张是没有扰动时的图像，第二和第四张是蜡烛火焰形成的图像。图 1.9（b）展示了浮力驱动对流形成的圆心圆干涉图案。

如果测量光路中没有热扰动，除了可能由光学元件瑕疵引起的杂散条纹，无限干涉形成的图像是一个清晰的亮斑。当介质中出现热扰动时，新的干涉条纹就会产生，每对条纹代表一个温度偏移值 ΔT_e，条纹之间的间距取决于当地的温度梯度。设 T_w 为壁面温度，T_1 为其相邻条纹处的温度，δ 为条纹和壁面之间的距离。大部分情况下，δ 是随空间位置变化的。在壁面附近，热导率为 k_f 的流体与表面之间产生的热流为

$$q_w = -k_f \frac{\partial T}{\partial y} \approx -k_f \frac{T_w - T_1}{\delta}$$

斜劈干涉方式初始形成的是直的条纹，当壁面被加热后条纹会出现平移 d，平移的大小取决于当地温度的变换。设 D 为壁面上条纹出现的最大位移，则温度场可由下式计算获得

$$\frac{T - T_{\text{ambient}}}{T_{\text{壁面}} - T_{\text{环境}}} = \frac{d}{D}$$

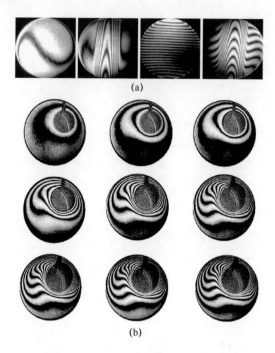

图 1.9 蜡烛火焰上方的干涉条纹（左图为无限干涉方式，右图为斜劈干涉方式）(a) 与浮力驱动空气对流形成同心圆干涉条纹时间序列（圆柱内壁受热，外壁受冷）(b)

壁面热流为

$$q_w = -k_f \frac{\partial T}{\partial y}\bigg|_{y=0}$$

1.5.5 折射误差

连续条纹之间的温度差的表达式推导（见式（1.6）~式（1.8）），是假设光线在测量光路上沿直线传播，而只在有强折射率场的地方发生改变。折射导致测量光束发生弯曲并增加光程，而实际总光程的计算需要对传播光路上的折射率场进行积分。根据文献 [1]，在如下的简化条件下能够估计出折射对式（1.6）~式（1.8）的影响。

假设如图 1.10 所示的光线 AB 穿过测试单元时受到折射的影响。当光沿 z 方向传播时，折射率变化主要集中在 y 方向，x 方向的变化分量可以忽略。设 α 为测试单元位置 P 处的弯曲角度，则从 A 到 B 的光程可由下式给出：

$$AB = \int_0^L n(y,z) \mathrm{d}s = \int_0^L n(y,z) \frac{\mathrm{d}z}{\cos\alpha}$$

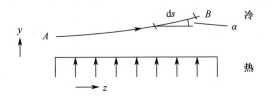

图 1.10　光线经过横向 y 方向折射率变化区域的传播路径

为了方便考虑折射对光程的影响，假设偏折角 α 是一个小量，cosα 可以表达为

$$\cos\alpha = (1-\alpha^2)^{1/2}$$

使用二项式展开上式的前两项，即

$$\cos\alpha \approx 1 - \frac{\alpha^2}{2}$$

光程可以表示为

$$AB = \int_0^L n(y,z)\left(1-\frac{\alpha^2}{2}\right)^{-1}dz$$

$$= \int_0^L n(y,z)\left(1+\frac{\alpha^2}{2}\right)dz \tag{1.11}$$

任意 z 位置的偏折角 α(z) 可以通过 Snell' 定律计算：

$$\alpha(z) = \int_0^z \frac{1}{n(y,\tilde{z})}\frac{\partial n(y,\tilde{z})}{\partial y}d\tilde{z}$$

由式（2.5）可知，偏折角的一阶近似为

$$\alpha(z) = \frac{1}{n(y,z)}\frac{\partial n(y,z)}{\partial y} \times z$$

根据式（1.11），A 到 B 的光程为

$$AB = \int_0^L n(y,z)\left(1+\frac{1}{2}\frac{1}{n^2}\left(\frac{\partial n}{\partial y}\right)^2 z^2\right)dz$$

$$= \bar{n}(y)L + \frac{1}{6\bar{n}(y)}\left(\frac{\partial n}{\partial y}\right)^2 L^3$$

式中：$\bar{n}(y)$ 为 $n(y,z)$ 在 z 方向长度为 L 区间的平均值。

类似地，$1/6n$ 和 $\partial n/\partial y$ 也代表长度 L 上的积分平均值。参考光束的光程表达式较为简单：

$$\text{参考光程} = \int_0^L n_0 dz = n_0 L \tag{1.12}$$

考虑折射影响后，测试光束与参考光束之间的光程差为

$$\Delta PL = \bar{n}(y)L + \frac{1}{6\bar{n}(y)}\left(\frac{\partial \bar{n}}{\partial y}\right)^2 L^3 - n_0 L$$

$$= (\bar{n}(y) - n_0)L + \frac{1}{6\bar{n}(y)}\left(\frac{\partial \bar{n}}{\partial y}\right)^2 L^3$$

$$= (\bar{T}_1(y) - T_0)L\frac{\mathrm{d}n}{\mathrm{d}T} + \frac{1}{6\bar{n}(y)}\left(\frac{\partial \bar{n}}{\partial y}\right)^2 L^3$$

式中：$\bar{T}_1(y)$ 为干涉条纹某点沿光线传播方向的线积分除以 L，相邻下一条纹光线传播距离增加 λ，可以得到

$$\Delta PL + \lambda = (\bar{T}_2(y) - T_0)L\frac{\mathrm{d}n}{\mathrm{d}T} + \frac{1}{6\bar{n}(y)}\left(\frac{\partial \bar{n}}{\partial y}\right)^2 L^3$$

式中：$\bar{T}_2(y)$ 为相邻下一条纹光线传播方向线积分平均值，由此可以计算相邻的连续条纹之间对应的温度差：

$$\lambda = (\bar{T}_2(y) - \bar{T}_1(y))L\frac{\mathrm{d}n}{\mathrm{d}T} + \frac{1}{6\bar{n}(y)}\left(\frac{\mathrm{d}n}{\mathrm{d}T}\right)^2 \left(\left(\frac{\partial \bar{T}}{\partial y}\bigg|_2\right)^2 - \left(\frac{\partial \bar{T}}{\partial y}\bigg|_1\right)^2\right)L^3 \quad (1.13)$$

每个条纹平移对应温度下降：

$$\Delta T_\varepsilon = \frac{1}{L\mathrm{d}n/\mathrm{d}T}\left(\lambda - \frac{1}{6\bar{n}(y,z)}\left(\frac{\mathrm{d}n}{\mathrm{d}T}\right)^2\left(\left(\frac{\partial \bar{T}}{\partial y}\bigg|_2\right)^2 - \left(\frac{\partial \bar{T}}{\partial y}\bigg|_1\right)^2\right)L^3\right) \quad (1.14)$$

考虑到在计算条纹温度之前温度梯度是未知的，则等式中包含温度导数的项需要在预设温度场的条件下进行。所以，最终计算 ΔT_ε 的值需要使用修正后的温度梯度估计值进行一系列的迭代。

通过每个条纹之间形成的温度变化（式（1.10））能够估计折射带来的误差：

$$\text{折射误差} = -\frac{1}{L\mathrm{d}n/\mathrm{d}T}\frac{1}{6\bar{n}(y)}\left(\frac{\mathrm{d}n}{\mathrm{d}T}\right)^2\left(\left(\frac{\partial \bar{T}}{\partial y}\bigg|_2\right)^2 - \left(\frac{\partial \bar{T}}{\partial y}\bigg|_1\right)^2\right)L^3 \quad (1.15)$$

折射误差随 L^3 增长，即是测试单元沿光线传播方向的长度的三次方；该误差随 $(\mathrm{d}n/\mathrm{d}T)^2$ 增长，这一项在液体中的值远远大于气体；折射误差也随横向温度梯度的平方 $(\partial T/\partial y)^2$ 增长，这一项在活性热表面的影响尤其严重。总的来说，作为一种定量测温手段，干涉法只能应用于梯度不太大的传

热传质问题。不过我们仍然可以去生成条纹并将干涉仪用于定性的流动显示。

尽管折射会在干涉法中带来误差,其带来的光线弯曲却是纹影和阴影法测量的基础,这也是本书将要讨论的主要内容[1,10-11]。

参考文献

[1] Goldstein RJ (ed) (1996) Fluid mechanics measurements. Taylor and Francis, New York.

[2] Hecht J (1986) The laser guidebook. McGraw-Hill, New York.

[3] Jenkins FA, White HE (2001) Fundamentals of optics. McGraw-Hill, New York.

[4] Lehner M, Mewes D (1999) Applied optical measurements. Springer, Berlin.

[5] Lauterborn W, Vogel A (1984) Modern optical techniques in fluid mechanics. Annu Rev Fluid Mech 16: 223-244.

[6] Mayinger F (1993) Image-forming optical techniques in heat transfer: revival by computeraided data processing. J Heat Transf-Trans ASME 115: 824-834.

[7] Mayinger F (ed) (1994) Optical measurements: techniques and applications. Springer, Berlin.

[8] Muralidhar K (2001) Temperature field measurement in buoyancy-driven flows using interfer-ometric tomography. Annu Rev Heat Transf 12: 265-376.

[9] Schiebener P, Straub J, Levelt Sengers JMH, Gallagher JS (1990) Refractive index of water and steam as function of wavelength, temperature, and density. J Phys Chem Ref Data 19 (3): 677-717.

[10] Settles GS (2001) Schlieren and shadowgraph techniques. Springer, Berlin, p 376.

[11] Tropea C, Yarin AL, Foss JF (eds) (2007) Springer handbook of experimental fluid mechanics. Springer, Berlin.

第 2 章　激光纹影与阴影

关键词：刀口；灰度滤光片；互相关；背景导向纹影

2.1　引　　言

本章介绍纹影和阴影技术。讨论其光路布局、工作原理和数据分析等问题。作为一种基于折射率的技术，将纹影和阴影与第 1 章讨论的干涉法进行了比较。干涉法假设光束直线穿过测试区域，并且测量是基于测试光束和参考光束之间由密度场产生的相位差。在干涉测量中，由于折射引起的光束弯曲被忽略，是误差的来源之一。纹影和阴影无须参考光束，从而简化了测量过程。纹影和阴影都是利用测试区域中光束的折射效应。但纹影图像分析是基于光束偏转（而不是偏移量）的，而阴影图像则包括光束偏转和偏移量[3,8,10]。在其原始形式中，阴影跟踪了光束穿过测试区域的路径，可以认为是三种方法中最普遍的一种。而阴影图像的定量分析可能是乏味的，在这方面，纹影结合了易于使用的仪器和简单的分析已经成为最流行的基于折射率的技术。

2.2　激光纹影

图 2.1 所示为使用凹面镜形成的 Z 形基本纹影系统。Z 形单色纹影系统由凹面镜、平面镜、刀口和激光光源组成。光学元件和激光器保持在某一高度的同一中心线。在无扰动条件下，原始激光束和准直光束（经过扩展和准直）的中心落在光学元件的中心部位。对于以下章节所展示的图像，纹影仪的凹面镜焦距为 1.3m，直径为 200mm。焦距相对较大的凹面镜将使得纹影技术对热/浓度梯度相当敏感。在两个凹面镜中，第一个充当准直镜，而放置在测试区域后的第二个凹面镜使激光束在刀口处聚焦。平面镜 M1 将发散的激光束定向到第一面凹面镜上，凹面镜将激光束准直成直径一致的光束。

准直的光束通过测试区域后落在第二面凹面镜上，进而被第二凹面镜聚焦到刀口平面上。测试区域即位于两个凹面镜之间。光学元件放置于可调节的底座上（允许在 x 和 y 方向移动，z 是激光束的传播方向）。通过调整安装底座，可以解决系统相对于激光束方向的轻微未对准问题。刀口位于第二凹面镜的焦平面处。它的作用是要切断一部分聚焦在其上的光，以便在测试区域没有任何干扰的情况下，屏幕上的照度均匀地降低。固定刀口的安装座需确保刀口在进行测量时具有灵活性，如调节垂直或水平方向。该安装座允许刀口在平行于激光束的方向以及在刀口平面内移动，从而切断所需的光强范围。实际上，刀口设置为垂直于要观察密度梯度的方向。在本专题讨论的许多应用中，密度梯度主要是在竖直方向，故刀口一直保持水平。同时确保初始光强值（灰度 0~255）小于 20cd，使图像看起来均匀地暗。

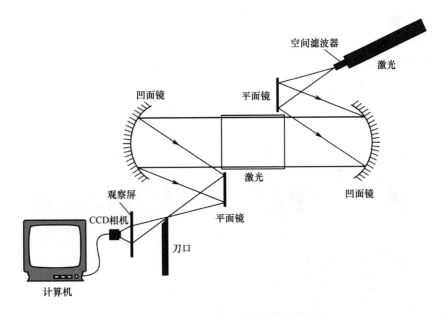

图 2.1 "Z"形激光纹影系统示意图

纹影测量依赖于由 CCD 相机测量的光强。在有限范围内，相机的传感器阵列是线性设备，可将光强直接转换为电压。超出该范围，则是非线性的，相机将出现饱和。由于落在刀口处的光是一个点，光强很大，因此可以使用中性密度滤光片均匀地减少到达相机的光强。图 2.1 所示的屏幕也可达到这个目的。但是，屏幕的不均匀可能会造成光强测量误差，这是一个需要解决的问题。此外，附加透镜可以使在刀口处形成的光斑准直，并可为相机产生较大直径和较低强度的光束。

使用激光作为光源时，相机饱和是一个严重的问题。由于相干性在这里无关紧要，因此白光光源也可用于纹影系统。然而，除第3章相关的讨论外，本书中的光源均为激光光源。

2.2.1 刀口的布置

在实验开始前，必须对纹影系统（图2.1）进行仔细装调。除准直、聚焦、光束准直后光强均匀性等问题外，刀口的调整对纹影图像的质量也起着重要的作用。在最佳校准的情况下，未受干扰的光束应在刀口处形成一个尺寸与空间滤光片中使用的小孔的直径匹配的光斑（不考虑光学元件的焦距所引起的缩放比例）。当刀口移动并遮挡光斑时，屏幕上的光强均匀地减小。图2.2所示为刀口运动对纹影图像的影响效果，其中显示了刀口在不同位置时屏幕上的光强分布。图2.2（a）和图2.2（c）分别显示当刀口离第二凹面镜太近或太远时光强的不均匀分布。刀口正确放置时光斑被部分遮挡，屏幕上的光强分布如图2.2（b）所示。校准过程中的一个重要步骤是调整刀口的截断百分比，以获得所需的灵敏度。如果截断太少，则大量的光会传到屏幕上，从而导致纹影图像的对比度差，并可能导致相机饱和。如果截断太大，可获得高对比度的图像，但可能导致高密度梯度区域测量信息的丢失。

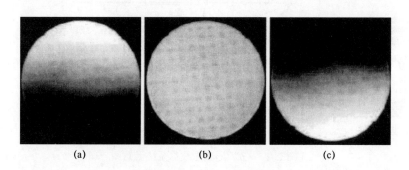

图2.2　刀口运动对纹影图像的影响，刀口运动水平自下而上[8]
(a) 刀口非常靠近第二凹面镜；(b) 刀口正确放置；(c) 刀口超出第二凹面镜的焦平面。

对纹影系统的干扰包括地板振动、重型机械以及附近实验室人员的移动。然而，纹影技术不像干涉技术那样对振动敏感。在干涉法中，一个波长量级的运动振幅将以条纹的形式可见。由于纹影主要取决于几何原理，而不是波动光学原理，因此它在抗冲击和振动方面优于干涉测量法。如果故意通过降低刀口的截断强度或通过用渐变（灰度）滤光片代替刀口来降低纹影系统的灵敏度，则可将振动误差真正降至最低。

2.2.2 纹影图像分析

本节分析纹影图像形成的过程。纹影系统中屏幕上所得的光强图案是由折射率（或其空间导数）确定的。干涉和纹影（实际上也包括阴影）得到的均为投影数据，即沿光束传播方向积分的信息。其结果均为光线路径上的平均浓度（或温度）场，具体而言，即为在测试区域长度 L 上的积分[9]。

如第 1 章所述，折射率技术依赖于透明介质特有的折射率-密度关系，即洛伦兹-洛伦茨公式：

$$\frac{n^2-1}{\rho(n^2+2)} = 常数 \tag{2.1}$$

式中：n 为折射率；ρ 为密度。

对于气体，折射率基本一致，公式（2.1）可简化为 Gladstone-Dale 方程：

$$\frac{n-1}{\rho} = 常数 \tag{2.2}$$

对于给定波长，式（2.1）和式（2.2）中的常数可以根据参考条件下的 n 和 ρ 计算得到。它取决于材料的化学成分，并随波长略有变化。一般来说，纯流体的密度将取决于压力和温度。在许多涉及气体的情况下，压力是恒定的，密度完全随温度而变化。尤其像水这样的液体实际上是不可压缩的，它们的密度只会随温度而变化。在一定范围内，这种密度随温度的变化可认为是线性的。因此，折射率本身将随温度呈线性变化。对于涉及传质的过程，应用于溶质-溶剂体系的洛伦兹-洛伦茨公式的形式为

$$\frac{n^2-1}{n^2+2} = \frac{4}{3}\pi(\alpha_A N_A + \alpha_B N_B) \tag{2.3}$$

式中：n 为溶液的折射率；α 和 N 分别为极化率和摩尔分数。

此结果通常用于晶体生长的情况[4-6]，（下标 A 和 B 分别指定水为溶剂和磷酸二氢钾（KDP）为溶质），决定光学测量灵敏度的材料属性是 dn/dT（或 dn/dC）。与气体相比，液体中的导数大约要大 3 个数量级。因此，与空气相比，只需要一个微小的扰动就可以看到液体中的折射。

在纹影系统中，光束在变折射率场中向高折射率区域偏转从而导致纹影

图像的产生。为了从纹影图像中获得定量信息，必须确定从测试区域出射的光束的总偏折角与横截面 x–y 平面中位置的关系[3]。该平面垂直于光束，其传播方向沿 z 方向。可以使用几何光学原理分析折射率在 y 方向上变化的介质中的光束路径（见 1.4.5 节）。

图 2.3 所示为时间 τ 和 $\tau+\Delta\tau$ 的两个波前，它们之间的间隔 $\Delta\tau$ 很小。在时刻 τ，光线在位置 z。在间隔 $\Delta\tau$ 之后，光移动的距离为光速 c 乘上 $\Delta\tau$。由于 c 取决于折射率，因此它是 y 的函数。此外，波前转过一个角度 $\Delta\alpha$。光的当地速度为 c_0/n，其中 c_0 为真空中的光速，n 为介质的当地折射率。故光束在时间间隔 $\Delta\tau$ 内传播的距离为

$$\Delta z = \Delta\tau \frac{c_0}{n}$$

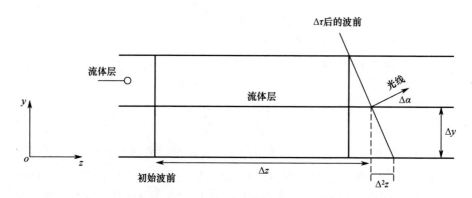

图 2.3 光线在垂直分层的流体介质中由于折射而发生的偏折

由于 y 方向存在折射率梯度，将导致波前产生偏折。令 $\Delta\alpha$ 表示在位置 z 处的偏折角度。则角度 α 的小增量 $\Delta\alpha$ 可以表示为

$$\Delta\alpha \approx \tan(\Delta\alpha) = \frac{\Delta^2 z}{\Delta y}$$

式中：距离 $\Delta^2 z$ 可表示为

$$\Delta^2 z = \Delta z_y - \Delta z_{y+\Delta y} \approx \Delta z_y - \Delta z_y - \frac{\Delta}{\Delta y}(\Delta z)(\Delta y) = -c_0 \frac{\Delta(1/n)}{\Delta y}\Delta\tau\Delta y$$

则：

$$\Delta\alpha = \frac{\Delta^2 z}{\Delta y} = -c_0 \frac{\Delta(1/n)}{\Delta y}\Delta\tau = -n\Delta z \frac{\Delta(1/n)}{\Delta y}$$

在极限条件下，有

$$\mathrm{d}\alpha = \frac{1}{n}\frac{\partial n}{\partial y}\mathrm{d}z = \frac{\partial(\ln n)}{\partial y}\mathrm{d}z \tag{2.4}$$

由此，可得到光线穿过长度为 L 的测试区域后产生的总偏折角为

$$\alpha = \int_0^L \frac{\partial(\ln n)}{\partial y}\mathrm{d}z \tag{2.5}$$

其中，积分区域是测试区域的整个长度。由于角度 α 是测试区域出口平面上的坐标 x 和 y 的函数。如果测试区域内的折射率与周围空气的折射率 n_a 不同，则从测试区域发出的光束的角度 α'' 由 Snell 定律给出：

$$n_a \sin\alpha'' = n\sin\alpha$$

假设 α 和 α'' 均为小角度，可得

$$\alpha'' = \frac{n}{n_a}\alpha$$

因此，根据式（2.5），可得

$$\alpha'' = \frac{n}{n_a}\int_0^L \frac{1}{n}\frac{\partial n}{\partial y}\mathrm{d}z$$

如果被积函数中的因子 $1/n$ 在测试区域中变化不大，则

$$\alpha'' = \frac{1}{n_a}\int_0^L \frac{\partial n}{\partial y}\mathrm{d}z$$

由于 $n_a \approx 1.0$，因此射出到周围空气中的光束的累积折射角为

$$\alpha'' = \int_0^L \frac{\partial n}{\partial y}\mathrm{d}z \tag{2.6}$$

纹影系统可以被认为是一种测量角度 α 的装置。在大多数应用中，该角度非常小，如约为 $10^{-6} \sim 10^{-3}$ rad。因此，可以合理地预期，折射率梯度会导致光束在刀口平面内发生位移，而相比之下，平面外的影响可以忽略不计。小角度近似有助于图像分析，后面将统一使用。

图 2.4 所示为另一种纹影系统，该系统由透镜代替凹面镜组成。其中，光源产生的光束直径为 a_s，并放置于透镜 L_1 的焦点处。由此，光束经过 L_1 后将形成平行光束，该平行光束用于探测测试区域的密度分布。虚线表示在测试区域中存在干扰的情况下光束的路径。第二透镜 L_2 将光束会聚，并投影到屏幕上，刀口位于其焦点上。Goldstein[3] 的研究表明：理想情况下，屏幕位于测试区域的共轭焦点处，可确保光强变化仅与纹影中要求的光束偏转有关，而与光束位移（阴影效果）无关。若无干扰，光束将沿实线显示的路径到达 L_2 的焦点，此时焦点处光束的直径为 a_0（图 2.5）。此直径与初始直

径的关系为

$$\frac{a_0}{a_s} = \frac{f_2}{f_1}$$

式中：f_1 和 f_2 分别是透镜 L_1 和 L_2 的焦距。

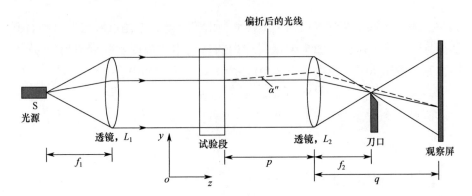

图 2.4 光束在由透镜组成的纹影系统中的传输路径示意图[3]（当屏幕处于共轭焦点时，$(1/p)+(1/q)=(1/f_2)$，屏幕上的图像与位置 p 对应的测试区域截面大小相同。对于图中显示的距离，在屏幕上检测到的角度是光束在测试单元内的总偏转角。）

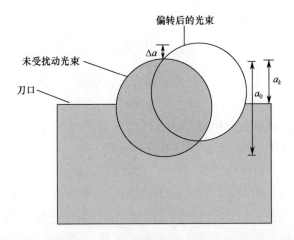

图 2.5 纹影系统中刀口处未受扰动的和偏转后的光束横截面，光束的水平位移对纹影系统的信号强度的对比度没有贡献

在纹影系统中，当测试区域不存在干扰时，首先调整位于第二凸透镜焦距处的刀口，截断除与光束尺寸 a_k 相对应的量以外的所有光。令 a_0 为落在

刀口上的激光束的原始大小。如果刀口位置放置正确，则屏幕上的光强将根据其运动方向均匀变化。设 I_0 为无刀口时屏幕上的光强。若刀口位于第二个透镜的焦平面内，则在测试区域无任何干扰的光强 I_k 将由下式给出：

$$I_k = \frac{a_k}{a_0} I_0 \tag{2.7}$$

令 Δa 为光束在刀口上方的垂直方向 y 上的位移，该位移与通过测试区域的光束的偏转角 α'' 相对应。则由图 2.5 可知

$$\Delta a = \pm f_2 \alpha'' \tag{2.8}$$

式（2.8）中符号由激光束在垂直方向的位移方向决定：移动方向向上为正，向下则为负。后文式（2.8）均采用正号。

令 I_f 为光束在测试区域中由于折射率的不均匀分布而向上偏转 Δa 之后屏幕上的最终光强，则

$$I_f = I_k \frac{a_k + \Delta a}{a_k} = I_k \left(1 + \frac{\Delta a}{a_k}\right) \tag{2.9}$$

屏幕上的光强变化 ΔI 由下式给出：

$$\Delta I = I_f - I_k$$

则纹影系统的对比度为

$$常数 = \frac{\Delta I}{I_k} = \frac{I_f - I_k}{I_k} = \frac{\Delta a}{a_k} \tag{2.10}$$

由式（2.8）可知

$$常数 = \frac{\Delta I}{I_k} = \frac{\alpha'' f_2}{a_k} \tag{2.11}$$

式（2.11）表明：纹影系统的对比度与第二凹面镜的焦距即 f_2 成正比。焦距越大，系统的灵敏度越高。

结合式（2.6）和式（2.11），可得到纹影系统的控制方程为

$$\frac{\Delta I}{I_k} = \frac{f_2}{a_k} \int_0^L \frac{\partial n}{\partial y} dz \tag{2.12}$$

式（2.12）表明纹影技术记录了折射率梯度沿测试区域长度的路径积分。如果场是二维的（在 x-y 平面），则 $\partial n/\partial y$ 与 z 坐标无关，则

$$\frac{\Delta I}{I_k} = \frac{f_2}{a_k} \frac{\partial n}{\partial y} L \tag{2.13}$$

式中，等号左边的项可以通过屏幕上的初始和最终光强分布来获得。

本实验中，对刀口进行调整，使其切断约 50% 的原始光强，即 $a_k =$

$a_0/2$,其中 a_0 是刀口处激光束的原始尺寸。a_0 的准确值无法测量。其值为微米量级,只能通过对照基准实验进行验证方可确定。当 $a_k = a_0/2$ 时,可得

$$\frac{\Delta I}{I_k} = \frac{2f_2}{a_0} \frac{\partial n}{\partial y} L \tag{2.14}$$

式(2.14)表示纹影光线的平均折射率场控制方程。由于 ΔI 仅根据角度 α 计算,因此上述模型要求光强的变化仅是由于光束偏转而不是其物理位移引起的。

对于垂直放置的刀口,可以重复上述推导,以便折射率的 x 阶导数能在屏幕上成像。这种方法能够使用近轴近似,并认为 x 和 y 方向的导数对光束偏转的影响是相互独立的。在本章采用的小角度近似的情况下,这是成立的。

若工作流体是气体,则折射率场对 y 的一阶导数可利用式(2.2)由密度来表示,即

$$\frac{\partial \rho}{\partial y} = \frac{\rho_0}{n_0 - 1} \frac{\partial n}{\partial y} \tag{2.15}$$

式(2.15)将测试区域中折射率场的梯度与流体介质的密度场梯度联系起来。则气体中纹影测量的控制方程可改写为

$$\frac{\Delta I}{I_k} = \frac{f_2}{a_k} \frac{n_0 - 1}{\rho_0} \frac{\partial \rho}{\partial y} L \tag{2.16}$$

假设测试区域内的压强是恒定的,可得

$$\frac{\Delta I}{I_k} = \frac{f_2}{a_k} \frac{n_0 - 1}{\rho_0} \frac{p}{RT^2} \frac{\partial T}{\partial y} L \tag{2.17}$$

式(2.16)和式(2.17)分别将用激光纹影技术测量的对比度与测试段的密度和温度梯度联系起来。当因变量(如 T)在远离固体表面或适当的边界条件下定义时,这些方程可以被积分以确定感兴趣的参数。对于晶体生长应用中产生的 KDP 溶液[4-6],式(2.3)决定了组分浓度(以摩尔分数 N 表示)与折射率之间的关系。即浓度梯度为

$$\frac{\partial N}{\partial y} = \frac{9n}{2\alpha_{KDP}(n^2 + 2)^2} \frac{\partial n}{\partial y} \tag{2.18}$$

式中:α_{KDP} 为 KDP 在水中的极化率($4.0 cm^3/mol$);N 为溶液的摩尔浓度。

结合式(2.12)和式(2.18),从溶液主体中的某个位置(梯度是可负的)积分,可以唯一确定生长晶体周围的浓度分布。

式(2.16)和式(2.17)表明,纹影测量主要基于 CCD 相机记录的光

强分布。由于计算是基于强度比,所以没有必要记录绝对强度值。这一步要求 CCD 相机是一个线性设备,它将强度转换为存储在计算机中的电压。线性要求可以通过确保相机不被光强饱和来满足。式(2.14)还表明需要的是原始光强,纹影图像不应进行图像处理操作。实际上,相机传感器可能会显示像素级的散射(一般平均强度可在 3×3 像素区内)。在流体中,可能无法获得完全稳定的对流场,而可能出现随时间的波动。此类情况下,在开始数据分析之前需进行一定数量的时间平均。图 2.6 显示了一组以时间序列记录的四幅纹影图像及其平均图像。这些图像显示了从水溶液中生长的晶体上方高强度区域的对流羽流,在文献[9]中对此有详细的讨论。

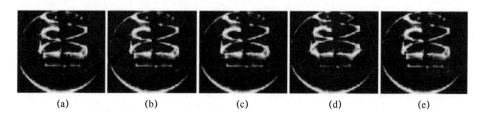

图 2.6　CCD 相机记录的对流场原始纹影图像 (a)~(d) 和对应的时间平均图像 (e)[9]

2.2.2.1　窗口校正

在激光纹影成像温度场或浓度场时,通常采用光学窗口来包含其中的流体区域。在液体工作时必须使用这种窗口,但如果要尽量减少环境的影响,也可以要求在气体中使用该窗口。所采用的光学窗口厚度有限(如 5mm),其材料(如 BK-7)的折射率与内部液体和周围空气的折射率有很大不同。由于光学窗口的存在,将导致从测试区域射出的已经产生角度偏转的光束,在落到第二凹面镜上之前发生再次折射。在光学窗口处,折射的贡献可以通过在式(2.14)中加入一个校正因子来修正。

考虑从过饱和溶液中生长的 KDP 晶体,如图 2.7 所示。生长的 KDP 晶体附近由于浓度梯度的变化,激光束发生折射后以一定的角度入射固定在生长室上的第二光学窗口。光学窗口的折射率为 n_{window}(约 1.509)。在平均温度 30℃时,KDP 溶液的折射率 n_{KDP} 为 1.355,与空气的折射率 n_{air} 基本一致。设 α'' 为光束仅由于生长晶体附近存在浓度梯度而产生的角度偏转,如图 2.7 所示。光束以这个角度射入第二个光学窗口。设 β 为光离开第二光学窗口内表面的角度。利用 Snell 定律,可得

$$\frac{n_{\text{KDP}}}{n_{\text{window}}} = \frac{\sin\beta}{\sin\alpha''} \qquad (2.19)$$

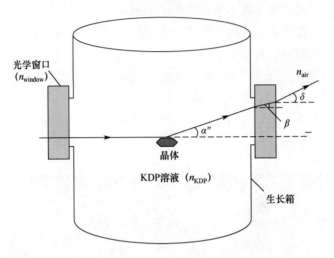

图 2.7 光束通过晶体生长室时的路径和偏转角度的示意图
（为清晰起见图中角度均被放大）

由于在大多数应用中 α'' 非常小，则 $\sin\alpha'' \approx \alpha''$，有

$$\sin\beta \approx \beta = \left(\frac{n_{\text{KDP}}}{n_{\text{window}}}\right)\alpha'' \qquad (2.20)$$

设 δ 为激光束射入周围空气的最终折射角，则对于光学窗口-空气的组合，有

$$\left(\frac{n_{\text{window}}}{n_{\text{air}}}\right) = \frac{\sin\delta}{\sin\beta} \qquad (2.21)$$

则

$$\sin\delta = \left(\frac{n_{\text{window}}}{n_{\text{air}}}\right) \cdot \left(\frac{n_{\text{KDP}}}{n_{\text{window}}}\right)\alpha'' \qquad (2.22)$$

或

$$\sin\delta \approx \delta = \left(\frac{n_{\text{KDP}}}{n_{\text{air}}}\right)\alpha'' \qquad (2.23)$$

在带有光学窗口的实验中，要进行前面讨论的纹影图像分析必须首先从使用记录的角度 δ 计算 α'' 开始。

2.2.3 灰度滤光片

传统纹影系统的刀口是提高光学图像光强对比度的优良装置，但也存在一定的缺陷。例如，平行于刀口的梯度对图像的形成没有贡献；当光束在刀口下方偏转时梯度信息将会丢失。在测量中可能会出现更高阶的效果，例如形成超出刀口的焦点。强度调制也可以由尖锐处的光的衍射而引发，即导致杂波干涉图案叠加在纹影图像上。其中，很多缺点可以通过使用灰度（渐变）滤光片来解决。该滤光片是一种用计算机打印灰度的胶片。滤光片的宽度与刀口的宽度相匹配。滤光片的垂直程度可以根据预期在滤光片平面上的光的偏转进行调整。光强的灰度值为 0~255（对于 8 位分辨率的相机）。对于未受干扰的光斑，滤光片的初始设置也是一个可调量。如果光斑落在滤光片的中心，就可以确定正光束和负光束的偏转。刀口可以是一个特殊构造的灰度滤光片，其仅有两个灰度值：0 和 255。

在用透镜测量纹影时，相机记录的是从刀口上形成的光斑发散出来的光束落在屏幕上形成的纹影图像。在 Z 形纹影中，相机可聚焦于落在刀口上的光点。但这种布局可能会导致相机饱和。因此，最好允许在屏幕上形成图像，并以平行入射的方式记录图像。而在渐变滤光片装置中，滤光片本身充当屏幕，相机直接从滤光片中记录图像。在这种方法中，滤光片需要校准，使光强成为光束位移在滤光片位置的函数。当测试区域不受干扰并且安装在垂直导线架上的滤光片相对于光斑移动时，可以方便地执行此步骤。在测试条件下，可通过校准曲线将某点处的光强变化映射到光束的位移。当使用氙气灯之类的白色光源时，可以使用附加的透镜对来自滤片平面上形成的光斑的光进行准直，并将其传输到 CCD 相机。

胶片（或用作渐变滤光片的材料）吸收率的变化会影响光强的测量。另一种方式是使用彩色滤光片和彩色 CCD 相机。此系统用色相来测量颜色，省去了强度，材料的缺陷不会在测量中产生额外的误差。使用彩色滤光片代替灰度，生成对流场的彩色图像。这种被称为彩虹纹影的方法将在第 3 章中讨论。

2.3 背景导向纹影

背景导向纹影（BOS）是一种通过分析背景图像的变化来确定流场密度

变化的技术。透明介质的折射率与流体的密度有直接对应关系。因此，密度梯度能引起折射率梯度。通过测试区域的光线将被弯曲，弯曲程度取决于该区域中的密度梯度，并将影响对背景图像的感知。在 BOS 中，成像对折射率场的成像依赖于类似基本的纹影设置，但 BOS 可以在下面讨论的更简单的设备中实现。

2.3.1 实验细节

如图 2.8 所示为 BOS 装置示意图。基本的纹影装置通常需要几个高质量的透镜和反射镜来引导光束，而 BOS 只需要一个被照亮的背景图像、一个 CCD 相机和一个带有图像采集软件的计算机。由于没有精密光学元件，BOS 成了另一种更加廉价的可选技术路线。同时，这还使得 BOS 更容易扩展到任何尺寸和精度，以准确捕获给定测试模型内和周围的密度场。经典的纹影最好是在暗室环境中操作，因为任何环境光都可能污染图像。相比之下，BOS 可以在有附加光源的情况下运行，因为 BOS 技术是基于背景图像的虚拟位移，而不仅仅是到达相机的光强。

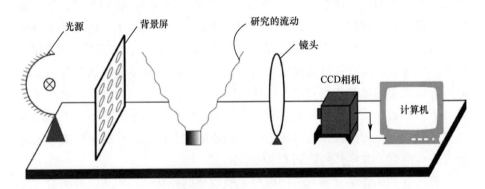

图 2.8 BOS 影装置示意图

2.3.2 数据分析

图 2.9 所示为 BOS 系统成像原理示意图。图中：z 为沿光路的坐标；f 为相机镜头的焦距；Z_C 为相机到相位目标场的距离；Z_B 为相位目标场到背景图像的距离。局部图像位移 χ 可以通过积分光路的局部折射率梯度来表示：

$$\chi = \frac{fZ_B}{Z_C + Z_B - f} \int_{\Delta_z} \frac{1}{n_0} \frac{\partial n}{\partial r} dz \qquad (2.24)$$

式中：n 为折射率场，是截平面内坐标(x,y)的函数。

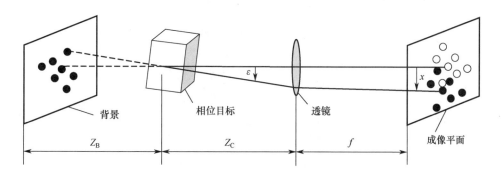

图 2.9 背景导向纹影中的图像形成原理示意图

与基本纹影装置所使用的图像分析一致，利用二维图像的位移值$\chi(x,y)$可根据洛伦兹-洛伦茨关系来确定偏导数$\partial\rho/\partial x$和$\partial\rho/\partial y$。BOS 使用计算机生成的背景点图案，放置在测试区域后面。密度可发生变化的目标场（测试区域）被放置在相机和背景点之间。在进行 BOS 实验时，需记录两组图像。首先，在不受密度影响的情况下获得一组背景点图像；其次，在测试区域存在密度梯度时获得一组背景点的图像。由此，可用图像位移相关算法计算点的位移。通常用于此类处理的软件可以很容易地从常用于实验流体力学实验室的粒子图像测速（PIV）仪改编而来。初始图像可以携带均匀分布的点或其他点，并且可以根据所研究的工况进行调整。若感兴趣的现象是非定常的，则第二组图像可为一个时间序列的图像。PIV 图像中粒子的位移与速度有关，而 BOS 图像中背景点的位移与密度变化有关。BOS 中测量的空间分辨率是由背景点大小决定的。与基本纹影相反，BOS 测量的不是小角度，而是小位移，这在某些情况下可能是有利的。在图像分析过程中，还需要考虑光束位移误差（与阴影效应有关）。本章末尾提供了一组关于 BOS 的额外参考资料。

如图 2.10 所示为确定位移的互相关算法。设 I_1 和 I_2 为初始图像和最终图像进行互相关计算的查问区。图像是根据像素点 (i, j) 处的强度来定义的，两个方向的像素大小分别为 Δx 和 Δy。其中，下标 $i=1,2,\cdots,M$，$j=1,2,\cdots,M$，则这对图像之间的互相关函数 R_{12} 的数值计算公式为

$$R_{1,2}(i,j) = \sum_{l=1}^{M} \sum_{m=1}^{N} I_1(l,m) I_2(l+i-1, m+j-1), i=1,2,\cdots,M; j=1,2,\cdots,N$$

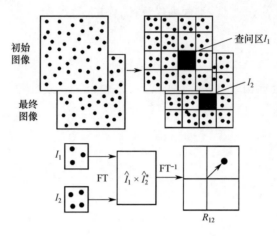

图 2.10　用于位移计算的互相关算法的示意图

实际上，可使用傅里叶变换对互相关函数进行评估，这样可利用快速傅里叶变换（FFT）算法的效率优势。令这些图像的 2D 傅里叶变换分别为 $\hat{I}_1$ 和 $\hat{I}_2$，*表示共轭复数。符号 IFT 表示其自变量的傅里叶逆变换。根据傅里叶变换，互相关函数可写为

$$R_{12} = \text{IFT}\{\hat{I}_1 \times \hat{I}_2^*\}$$

式中：IFT 为傅里叶逆变换，也可以用 FFT 算法来计算。

利用商用图像分析软件可以很方便地进行这种计算。与查问点相关的位移信息包含在互相关函数取得最大值的空间坐标中（像素大小为 Δx 和 Δy 的整数倍）。由此可见，位移与光束偏转有关，因此与物理域中普遍存在的折射率梯度有关。

2.4　阴影技术

阴影作为一种流动可视化技术已广泛应用于实验流体力学和热传递研究之中。阴影使用来自激光的扩展准直光束，该光束穿过干扰场。如果干扰是由变化的折射率引起的，那么通过测试区域的光线就会发生偏折和弯曲，偏离原来的路径。这将导致屏幕上的光强空间分布相对于原始光强分布发生变

化。由此产生的图案即为在扰动区普遍存在的折射率场的阴影。图 2.11 所示为阴影技术原理示意图[11]。图中光源为功率为 15~35mW 的氦-氖连续激光器。激光器发出的光束：首先会经过光束扩束器进行扩展和准直，得到直径大小合适的准直光束；然后准直的光束将通过所研究的测试区域；最后光束从出射窗口射出，并落在屏幕上，形成阴影图像。此时，可采用合适的相机将其记录为单帧图像或视频序列。图 2.12 所示为一个略微加热的水射流的阴影图。其中，初始不稳定性以及环形涡破碎为小尺度湍流等现象均可见到。

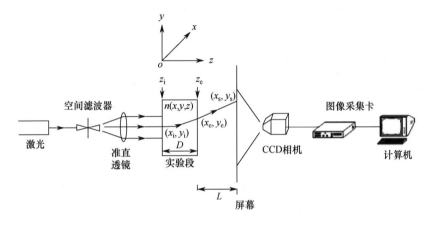

图 2.11 阴影技术原理示意图

图 2.12 流动开始前的激光光束的初始图像（a）以及基于喷嘴直径和平均流动速度的雷诺数为 693 的微热水射流的阴影图（b）（环形涡最初形成并逐渐分解为湍流结构明显可见。）

关于纹影中屏幕上的信号强度畸变的讨论可延伸到阴影。使用激光作为光源，屏幕可以降低光强，防止相机饱和。当使用分布式光源时，可以用透镜装置代替屏幕，将所有可用的光线传送到 CCD 阵列。这样做的好处是，相机可以聚焦在测试区域以外的任何平面上，并且可以适当改变测量的灵敏度。

2.4.1 控制方程及其近似

定量数据可以利用下面讨论的公式从阴影图像中提取[7,11]。假设介质的折射率 n 取决于所有三个空间坐标，即 $n = n(x,y,z)$。我们感兴趣的是追踪光线穿过测试区域时的路径。当入射平面的光线角度和入射点等信息获知之后，我们想知道出射平面上出射点的位置，以及出射光线的斜率[1,7]。因此，可令光线的入射点坐标为 $p_i(x_i, y_i, z_i)$、出射点坐标为 $p_e(x_e, y_e, z_e)$。根据费马原理，光束在这两点之间所经过的光程长度（OPL）必须是一个极值。对于沿光路的几何段 ds，相应的 OPL 为 $n(x,y,z)ds$。因此，两点 p_i 和 p_e 之间的总 OPL 可表示为

$$\mathrm{OPL} = \int_{p_i}^{p_e} n(x,y,z)\,ds$$

根据费马原理，有

$$\delta\left(\int_{p_i}^{p_e} n(x,y,z)\,ds\right) = 0 \tag{2.25}$$

用 z 对光路进行参数化，光线可完全由函数 $x(z)$ 和 $y(z)$ 定义。式（2.25）可改写为

$$\delta\left(\int_{z_i}^{z_e} n(x,y,z)\sqrt{x'^2 + y'^2 + 1}\,dz\right) = 0 \tag{2.26}$$

将变分原理应用于式（2.26），可得到以下两个耦合的欧拉-拉格朗日方程：

$$x''(z) = \frac{1}{n}(1 + x'^2 + y'^2)\left(\frac{\partial n}{\partial x} - x'\frac{\partial n}{\partial z}\right) \tag{2.27}$$

$$y''(z) = \frac{1}{n}(1 + x'^2 + y'^2)\left(\frac{\partial n}{\partial y} - y'\frac{\partial n}{\partial z}\right) \tag{2.28}$$

其中（对于 x）

$$x'(z) = \frac{dx}{dz}, \quad x''(z) = \frac{d^2x}{dz^2}$$

式（2.27）和式（2.28）为 $x(z)$ 和 $y(z)$ 的二阶非线性常微分方程。求解这些方程所需要的 4 个积分常数可由入口边界条件确定。即入射点的坐标 $x_i = x(z_i)$ 和 $y_i = y(z_i)$ 及其当地导数 $x_i' = x'(z_i)$ 和 $y_i' = y'(z_i)$。由这两个微分方程的解即可得到光线在出射平面上的偏转量的两个正交分量，以及斜率和曲率。在大多数实验中，进入装置的光束是平行的（垂直入射），且各自的斜率为零，即 $x_i' = 0$、$y_i' = 0$。设含流体的测试区域长度为 D，屏幕位于出口平面外距离 L 处。光线在入口、出口和屏幕上的 z 坐标分别由 z_i、z_e 和 z_s 给出。由于入射光束垂直于入口平面，所以在第一个光学窗口没有折射。当入射光线在入射平面上的导数均为零时，屏幕上的入射光线 (x_s, y_s) 相对于入射位置 (x_i, y_i) 的位移为 $x_s - x_i$ 和 $y_s - y_i$：

$$x_s - x_i = (x_e - x_i) + L \times x'(z_e) \quad (2.29)$$

$$y_s - y_i = (y_e - y_i) + L \times y'(z_e) \quad (2.30)$$

式中：坐标 x_e、y_e、$x_i'(z_e)$ 和 $y_i'(z_e)$ 由式（2.27）和式（2.28）的解给出；第一项表示物理域内的折射，而第二项表示光在正常环境中，在不受干扰的情况下，沿直线通过。

这些公式定义了阴影技术中屏幕上的图像形成，并提供了从欧拉-拉格朗日方程式间接确定折射率分布的途径。

上述公式可以基于以下三点假设进行简化。

假设 2.1 假设入射平面上的光线在非均匀场中只发生极小的偏差，而在离开实验装置时具有有限的曲率。导数 $x'(z_i)$ 和 $y'(z_i)$ 是零，而在出射平面上 $x'(z_e)$ 和 $y'(z_e)$ 是有限值。该假设适用于介质是弱折射的情况。由此，式（2.27）~式（2.30）可简化为

$$x''(z) = \frac{1}{n}\left(\frac{\partial n}{\partial x}\right) \quad (2.31)$$

$$y''(z) = \frac{1}{n}\left(\frac{\partial n}{\partial y}\right) \quad (2.32)$$

$$x_s - x_i = L x'(z_e) \quad (2.33)$$

$$y_s - y_i = L y'(z_e) \quad (2.34)$$

将式（2.33）和式（2.34）改写为

$$x_s - x_i = L \int_{z_i}^{z_e} x''(z) dz \quad (2.35)$$

$$y_s - y_i = L\int_{z_i}^{z_e} y''(z)\mathrm{d}z \tag{2.36}$$

结合式（2.31）和式（2.32），式（2.35）和式（2.36）可写为

$$x_s - x_i = L\int_{z_i}^{z_e} \frac{\partial(\log n)}{\partial x}\mathrm{d}z \tag{2.37}$$

$$y_s - y_i = L\int_{z_i}^{z_e} \frac{\partial(\log n)}{\partial y}\mathrm{d}z \tag{2.38}$$

注意，光线的偏移量是在装置的整个长度上的积分，即路径积分。

假设 2.2 可将生长室内的无穷小位移的假设进行扩展，甚至可以认为对于位于屏幕与生长室出口平面之间的区域也是有效的。因此，光线在屏幕上的坐标可以写成

$$x_s = x_i + \delta_x(x_i, y_i) \tag{2.39}$$

$$y_s = y_i + \delta_y(x_i, y_i) \tag{2.40}$$

当物理域不受干扰时，光线偏离其在物理介质中的原始路径，将导致屏幕上的光强分布与原始光强分布相比发生变化。而阴影技术则正是测量这种强度的变化，并将其与折射率分布联系起来。屏幕上点 (x_s, y_s) 的光强是几个光束从位置 (x_i, y_i) 移动并映射到屏幕上点 x_s 和 y_s 的结果。由于光束的初始扩散在通过装置时发生了变形，因此点 (x_s, y_s) 处的光强为

$$I_s(x_s, y_s) = \sum_{(x_i, y_i)} \frac{I_0(x_i, y_i)}{\left|\dfrac{\partial(x_s, y_s)}{\partial(x_i, y_i)}\right|} \tag{2.41}$$

式中：I_s 为存在非均匀折射率场时屏幕上的光强；I_0 为原始无扰动情况下的光强分布；分母是将 (x_i, y_i) 与 (x_s, y_s) 连接起来的映射函数的雅可比矩阵 $J(x_i, y_i; x_s, y_s)$。

如图 2.13 所示。在几何上，它表示通过测试区域之前和之后被 4 个相邻光线包围的面积的比率。在没有任何干扰的情况下，一个小矩形映射到面积相等的相同矩形上，其雅可比行列式为 1。式（2.41）中的总和包括所有穿过测试区域入口处点 (x_i, y_i) 的光线，这些光线被映射到屏幕上的小四边形 (x_s, y_s) 上，并对内部的光强做出贡献。

假设 2.3 在无穷小位移的假设下，偏折量 δ_x 和 δ_y 很小。因此，可以认为雅可比行列式与其线性相关。故忽略 δ_x 和 δ_y 的高次幂以及它们的乘积，则雅可比行列式可表示为

$$\left|\frac{\partial(x_s, y_s)}{\partial(x_i, y_i)}\right| \approx 1 + \frac{\partial(x_s - x_i)}{\partial x} + \frac{\partial(y_s - y_i)}{\partial y} \tag{2.42}$$

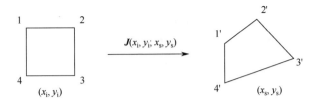

图 2.13　关联原始区域 (x_i, y_i) 与变形区域 (x_s, y_s) 的映射函数的
雅可比矩阵 $J(x_i, y_i; x_s, y_s)$

将式（2.41）代入式（2.42），可得

$$I_s(x_s, y_s)\left[1 + \frac{\partial(x_s - x_i)}{\partial x} + \frac{\partial(y_s - y_i)}{\partial y}\right] = \sum_{(x_i, y_i)} I_0(x_i, y_i) \quad (2.43)$$

将式（2.43）进一步简化可得

$$\frac{I_0(x_i, y_i) - I_s(x_s, y_s)}{I_s(x_s, y_s)} = \frac{\partial(x_s - x_i)}{\partial x} + \frac{\partial(y_s - y_i)}{\partial y} \quad (2.44)$$

对 $(x_s - x_i)$ 和 $(y_s - y_i)$ 使用式（2.37）和式（2.38），并在实验设备的尺寸上进行积分，可得

$$\frac{I_0(x_i, y_i) - I_s(x_s, y_s)}{I_s(x_s, y_s)} = (L \times D)\left(\frac{\partial^2}{\partial x^2} + \frac{\partial^2}{\partial y^2}\right)\log n(x, y) \quad (2.45)$$

式中，$n(x, y)$ 可解释为 z 方向上长度 L 上的平均折射率。

式（2.45）是线性化假设 2.1~假设 2.3 下的阴影过程的控制方程。可将其简写为

$$\frac{I_0 - I_s}{I_s} = (L \times D)\nabla^2 \log n(x, y) \quad (2.46)$$

2.4.2　泊松方程的数值解

阴影过程的线化差分控制方程（式（2.46））是一个泊松方程。在实际测量中，等式的左侧是被记录的阴影图像。因此，泊松方程将阴影图像中的光强变化与物理介质的折射率场关联了起来。为了求解折射率场，可以采用下述数值程序。首先，用有限差分法在物理域上对泊松方程进行离散。由此得到的代数方程组系统可对阴影图像进行求解，进而在每个网格节点生成一个深度平均折射率值。其边界条件通常可认为是 Dirichlet 和 Neumann 条件的混合边界条件。这种方法比求解式（2.27）和式（2.28）的反问题要简单

得多。

为了对假设 2.1~假设 2.3 的有效性进行评估，需要检查高阶光学效应在阴影成像中的重要性。这一步可通过确定光线在已知折射率场中的弯曲程度来完成。一种可能的方法是求解折射率场的泊松方程，然后根据式（2.27）和式（2.28）计算光线位移，其中折射率作为一个参数出现。保持线性的有效办法是，使 4 个相邻点构造的雅可比行列式（根据图 2.13 的解释）保持在±5%以内。

2.5 小　　结

干涉、纹影和阴影技术中的图像形成均依赖于物理域中折射率的变化。干涉技术需要使用大量的光学元件。而且由于它是基于对相位差的测量，因此对校准非常敏感。纹影仪的光学元件较少，灵敏度较低，而阴影作为最简单的配置，对校准、振动和其他外来因素最不敏感。干涉图非常生动，因为条纹是等温线（等浓度线），可清晰地表示温度（浓度）场。第 1 章的讨论表明，对干涉图的分析是相当直接的。纹影图和阴影图以亮度增强（或减弱）的形式显示了高浓度梯度区域。通过对纹影图的强度分布积分，可以恢复纹影图的温度和浓度。在阴影图中，需要在适当的边界条件下求解泊松方程。因此，阴影实验是最容易进行的，而阴影数据的分析却是最复杂的。在这方面，纹影介于干涉和阴影之间，对实验复杂性和数据简化的要求并不高。

三种基于折射率的技术产生的图像均为光束传播方向上温度/浓度的积分值（或其在横断面上的导数）。如果扰动区的空间范围较小，则图像中包含的信息较小。在干涉测量的情况下，其结果可能是在无限条纹设置中出现太少的条纹，而在楔形条纹设置中条纹变形较小。在纹影和阴影中，弱扰动表现为强度和对比度的微小变化。在纹影法中，采用大焦距光学元件可以减小这种困难，从而放大小的偏转。干涉测量法的其他困难是需要在试验段和补偿室中保持相同的实验条件，仔细平衡试验和参考光束，以及由于定量信息局限于边缘而产生的限制。

这一讨论表明，将干涉仪配置为过程控制的仪器是最大的挑战，而纹影和阴影相对简单。在比较分析的容易性和仪器的困难性时，纹影可以被认为是一个最佳选择。

参考文献

[1] Born M, Wolf E (1980) Principles of optics. Pergamon Press, Oxford.

[2] Gebhart B, Jaluria Y, Mahajan RL, Sammakia B (1988) Buoyancy-induced flows and transport. Hemisphere Publishing Corporation, New York.

[3] Goldstein RJ (ed) (1996) Fluid mechanics measurements. Taylor and Francis, New York.

[4] Mantani M, Sugiyama M, Ogawa T (1991) Electronic measurement of concentration gradient around a crystal growing from a solution by using Mach-Zehnder interferometer. J Cryst Growth 114: 71-76.

[5] Onuma K, Tsukamoto K, Nakadate S (1993) Application of real time phase shift interferometer to the measurement of concentration field. J Cryst Growth 129: 706-718.

[6] Rashkovich LN (1991) KDP family of crystals. Adam Hilger, New York.

[7] Schopf W, Patterson JC, Brooker AMH (1996) Evaluation of the shadowgraph method for the convective flow in a side-heated cavity. Exp Fluids 21: 331-340.

[8] Settles GS (2001) Schlieren and shadowgraph techniques. Springer, Berlin, p 376.

[9] Srivastava A (2005) Optical imaging and control of convection around a KDP crystal growing from its aqueous solution, Ph. D. thesis, IIT Kanpur (India).

[10] Tropea C, Yarin AL, Foss JF (eds) (2007) Springer handbook of experimental fluid mechanics. Springer, Berlin.

[11] Verma S (2007) Convection, concentration and surface feature analysis during crystal growth from solution using shadowgraphy, interferometry and tomography, Ph. D. thesis, IIT Kanpur (India).

[12] Atcheson B, Heidrich W, Ihrke I (2009) An evaluation of optical flow algorithms for background oriented schlieren imaging. Exp. in Fluids 46: 467-476.

[13] Goldhahn E, Seume J (2007) The background oriented schlieren technique: sensitivity, accuracy, resolution and application to a three-dimen-

sional density field. Exp. in Fluids 43: 241-249.

[14] Kindler K, Goldhahn E, Leopold F, Raffel M (2007) Recent developments in background oriented Schlieren methods for rotor blade tip vortex measurements. Exp. Fluids 43: 233-240.

[15] Ramanah D, Raghunath S, Mee DJ, Rsgen T, Jacobs PA (2007) Background oriented schlieren for flow visualisation in hypersonic impulse facilities. Shock Waves 17: 65-70.

[16] Roosenboom EWM, Schroder A (2009) Qualitative Investigation of a Propeller Slipstream with Background Oriented Schlieren. Journal of Visualization 12 (2): 165-172.

[17] Sommersel OK, Bjerketvedt D, Christensen SO, Krest O, Vaagsaether K (2008) Application of background oriented schlieren for quantitative measurements of shock waves from explosions. Shock Waves 18: 291-297.

[18] Sourgen F, Leopold F, Klatt D (2012) Reconstruction of the density field using the Colored Background Oriented Schlieren Technique (CBOS). Optics and Lasers in Engg 50: 29-38.

[19] Venkatakrishnan L, Meier GEA (2004) Density measurements using the Background Oriented Schlieren technique. Exp. in Fluids 37: 237-247.

第 3 章 彩虹纹影

关键词：彩色刀口；HIS 尺度；阿贝尔变换；洛伦兹-洛伦茨公式

3.1 引　　言

　　第 2 章中介绍的激光纹影使用刀口生成明暗变化的图像，这种方法强调的是垂直于刀口方向的梯度。通过调节刀口的方向也可以显示不同方向的梯度，这种方法其实并不通用，我们可以寻找一种一次性能揭示不同方向梯度的方法，另外一个缺点是刀口的存在也会带来衍射误差。如果在刀口位置放置一个透明胶片印成的渐变滤光片，则可以避免上述两个困难。刀口实际上是这类胶片的一种特殊表现形式，因为刀口可以理解为一种只有黑和白两种灰度级的滤光片。利用渐变滤光片形成的纹影图像就可以利用图像灰度值来确定光束的偏折角度。在这种方法的基础上可以进一步扩展，将单色激光替换为白光光源，将灰度 CCD 相机替换为彩色 CCD 相机，将灰度滤光片替换为彩色滤光片，同时保证所有的光学元件都能消除色差，就可以得到彩色的纹影图像，这种方法就是彩虹纹影，也可以称为彩色纹影。

3.2　光路布置

　　图 3.1 给出的是透射式彩色纹影装置示意图。这一装置的重要组成部件有：白色光源、两组透镜、彩色滤光片、彩色 CCD 相机，它们都安装在一块面包板上。光源、相机以及其他的光学元件都是共轴的。图 3.1 使用凸透镜对光源进行准直和聚焦，后面章节介绍的纹影系统采用的两个透镜焦距分别是 500mm 和 750mm，对应的直径是 65mm 和 100mm。光线从点光源产生，出光孔直径为 100~200μm，经第一块透镜（焦距较小）准直后产生平行光，穿过实验段后由第二块透镜进行汇聚，彩色滤光片放置在第二透镜的焦点处。实验段存在输运过程会导致光线发生偏折，并经过第二透镜后在彩色刀

口处成像。实验段如果没有密度扰动，形成的图像就对应彩色刀口的颜色分布。为了在对彩色纹影系统进行校准，安装彩色滤光片的底座可以在水平和竖直两个自由度进行位移调节。同时，也可以适当调节滤光片自身的位置来选择纹影图像的初始背景颜色。如果采用的是一维滤光片，要保证其颜色或色度的变化方向与流场密度显著变化的方向一致。CCD相机位于滤光片之后进行图像采集。

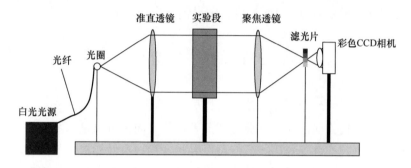

图 3.1　透射式彩色纹影装置示意图

这里纹影系统使用的是150W连续式、非偏振白色冷光源，通过光纤连接至出光孔。出光孔可以近似看成是点光源，最小的直径取决于纹影测量光路中使用的光通量。成像使用的是一个分辨率为648×648像素的三色CCD相机（型号：Basler, A201bc），通过一块8/12位的图像采集卡连接至计算机，采集频率30Hz的帧频可以满足本书中所有的纹影实验需求。

和其他所有的光学测量方法一样，彩色纹影系统成像质量取决于光学元件的质量和光路调试的精确程度，这就要求必须仔细处理诸如光源质量、光束平行性、出光孔衍射环等问题。在理想情况下，彩色滤光片处初始形成的光斑应该和出光孔光斑在大小和光谱特征保持完全一致。如果以上这些条件都能完全满足，纹影系统的分辨率就取决于彩色滤光片的设计方式。

3.3　滤光片设计

一维滤光片的颜色只会沿着一个方向变化，比如说竖直方向，而在其他方向保持不变，这种设计最适合浓度和温度梯度主要集中在同一方向的流场可视化。二维滤光片的颜色沿着两个正交的方向变化，因而可以得到两个方向的梯度。彩色图像通过三色CCD相机记录并处理成成像平面的色度信息。

3.3.1 一维彩虹滤光片

本节滤光片的设计遵循了文献［3］给出的建议，彩虹滤光片的7种颜色紫、靛、蓝、绿、黄、橙、红（VIBGYOR）呈线性分布。众所周知，彩色相机只能感知红、绿、蓝（R、G、B）3种颜色，因而需要建立R、G、B与VIBGYOR之间的对应关系，表3.1列举了8位数字离散方式中两种颜色模式的对应关系（0~255分别代表一种颜色）。VIBGYOR中的R、G、B值进行线性插值形成一个1200×1200条目的数组，利用数组中R、G、B的值就可以形成一个一维的笛卡儿坐标滤片，图3.2（a）给出了利用这种方法得到的一维彩色滤片颜色分布。

表 3.1　VIBGYOR 色彩分布的 R、G、B 组成

（摘自 http://cloford.com/resources/colors/500col.htm）

颜色	通道组成		
	红	绿	蓝
紫色	238	130	238
靛蓝	75	0	130
蓝色	0	0	255
绿色	0	255	0
黄色	255	255	0
橙色	255	165	0
红色	255	0	0

我们首先利用MATLAB来进行颜色设计和图像处理；然后将设计好的颜色分布数据制作成滤片。彩色滤光片的8位图像可以显示在计算机屏幕上，然后在暗室中拍摄于正片上（柯达Ektachrome），胶片冲洗出来后放在一个35mm的载玻片上，就形成了一个一维彩色滤片。当从不同的距离或使用不同焦距的镜头拍摄计算机屏幕时，可以获得不同尺寸的滤片。因为以这种方式制作的一维滤片相当便宜，我们就可以根据需要的测量灵敏度定制各种滤光片。

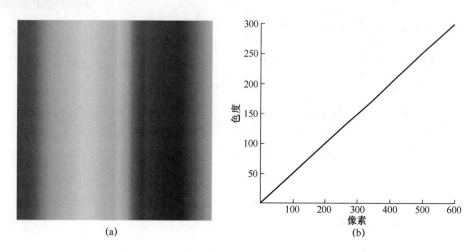

图3.2 一维彩色滤光片（a）及色度随横坐标的变化（单位为像素）（b）（见彩图）

在后续的讨论中，通常对彩色图像的色度 H 进行分析，其单位可以使用弧度（0~2π）或角度（0°~360°），因为这个值代表光束在滤片平面的偏转角度。图3.2（b）展示了不同位置对应的色度变化，两者之间的线性关系可以大大简化分析。理想情况下，滤光片应具备以下特性：

$$\frac{\partial H}{\partial x} = -\frac{2\pi}{X} = 常数 \tag{3.1}$$

式中：x 为沿颜色发生变化方向的坐标；X 为滤光片的总长度。非线性会影响灵敏度并导致数据失真，在这种情况下，可以使用数值方法来重新排列颜色并产生线性色度变化。

3.3.2 二维彩虹滤光片

二维滤片的颜色在正交的两个方向上发生变化，因而就可以同时测量光束在 x 和 y 两个方向的偏转角度，并因此测量传输变量在这两个方向上的梯度。渐变滤镜是让颜色在正方形区域内逐渐变化，本书中使用的滤片颜色具有以下形式[2]：

$$R = \frac{255}{(1+x_f+y_f)} \quad G = \frac{255 y_f}{(1+x_f+y_f)} \quad B = \frac{255 x_f}{(1+x_f+y_f)} \tag{3.2}$$

式（3.2）假设每种颜色进行8位数字离散，x_f 和 y_f 是计算 R、G 和 B

值的点的无量纲坐标，位于0~1的范围内。二维滤片的制作方法和一维滤片相同，在屏幕上构建图像，然后将其记录在摄影胶片上（图3.3）。

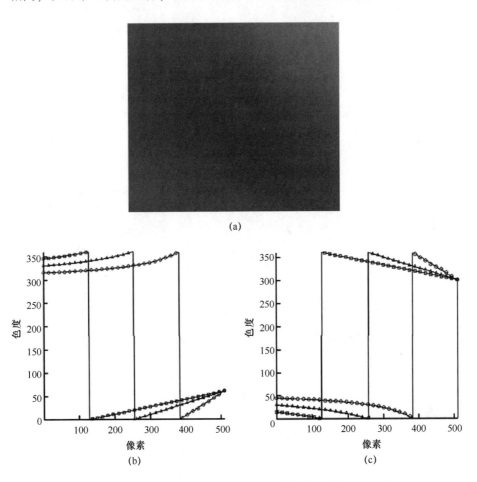

图3.3 二维彩色滤片的示例（a），及其在水平方向（b）和
纵向方向（c）的色度变化（部分见彩图）

图3.4和3.5展示了一维彩色滤片的基准图像，滤片的颜色分别在水平和垂直方向上变化。尽管两个方向的颜色变化都可以显示蜡烛火焰图像，水平条纹的滤片形成的火焰图像（图3.4）颜色更为生动。这种趋势是可以预期的，因为火焰内部的密度梯度在垂直方向上很强，光束在一系列颜色上发生偏转。而在图3.5中，光束始终停留在一个色带内，因而图像更接近单色纹影。

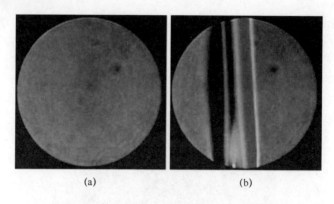

(a)　　　　　　　　　　　　(b)

图3.4　沿纵向方向变化的一维彩色纹影的基准图像（a）和蜡烛火焰纹影图像（b）（见彩图）

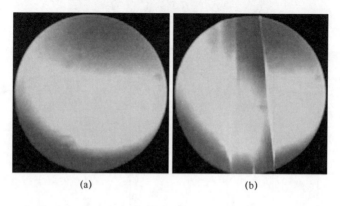

(a)　　　　　　　　　　　　(b)

图3.5　沿水平方向变化的一维彩色纹影的基准图像（a）和蜡烛火焰纹影图像（b）（见彩图）

3.4　HSI 参数

  人类的视觉系统可以分辨成千上万种不同的色调和强度，但只有大约100种灰色。因此，在图像中大量额外的信息以颜色的形式存在。额外的信息可用于简化图像分析，如对象识别和提取。彩色纹影测量中对颜色的感知由许多因素共同产生，包括滤片颜色的设计（和灵敏度）、照明光源的光谱特性以及颜色检测器的光谱响应特性。该检测器既可以是人眼也可以是彩色照相机中的图像传感器。颜色模型只是一种用数字来表示颜色的简便方法。大多数颜色模型采用三维坐标系，系统子空间中的每个点代表一种独特的颜色。例如，RGB 颜色模型可以视为一个立方体，其中红色是 x 轴，蓝色是 y 轴，绿色是 z 轴，数百万种颜色中的每一种都被可以描述为立方体中唯一的一点。

除了 RGB 模型，还有很多其他的颜色模型在使用，包括 HSI 模型（色度、饱和度、强度）和 HSV 颜色模型（色度、饱和度、明度）。这些常用于数字图像处理。RGB 模型很难直接使用，因为它需要同时使用红、绿和蓝三个值来解释一个像素的密度梯度。因而更好的选择是使用某种颜色模式，其中某个单一的参数与密度梯度变化对应。HSI 模型可以满足这个目的，原因如下所述。

在 HSI 模型中，颜色由三个量来描述，即色度、饱和度和强度。在可见光谱中，色度直接对应于颜色的主波长；饱和度是指颜色与等强度中性灰色的偏离程度，饱和度也可以定义为颜色的纯度或特定颜色中包含的白色量。当高度去饱和时，光谱中的任何颜色都应该接近标准白色，这就类似于逐渐降低信号强度最终得到白噪声；颜色的强度是指它在颜色混合中的相对亮度，它代表到达传感器的特定波长的光谱能量。HSI 模型可以通过三维圆柱坐标系形式的坐标系表达空间颜色分布：色度分布表示为 0°～360°变化的角度，饱和度对应半径，从 0 到 1，强度沿 z 轴变化，从 0-黑色到 1-白色。调节色度会改变颜色，从 0°代表红色，到 120°代表绿色，240°代表蓝色，再回到 360°也代表红色。

使用 HSI 模型的优点是色度对绝对光强不敏感，这种特性消除了许多复杂因素的影响，例如光源的强度变化、探测器阵列内不同像素或不同探测器对应像素间的增益变化，实验段内光吸收或散射、或由不对称折射率分布引起的二阶强度变化。此外，色度与光束偏转唯一且强相关，导致了数据分析的简化。HSI 参数可以直接从摄像机记录的 R、G、B 值中获得，计算公式如下[3]：

$$I = \frac{R + G + B}{3} \tag{3.3}$$

$$S = 1 - \frac{\min(R, G, B)}{I} \tag{3.4}$$

$$H = \arccos\left(\frac{\frac{1}{2}[R - G] + [R - B]}{[(R - G)^2 (R - G)(G - B)]^{\frac{1}{2}}}\right) \tag{3.5}$$

图 3.6 展示了 HSI 颜色空间与 R、G、B 颜色矢量之间的对应关系。HSI 圆锥体的顶点确定在 R、G 和 B 轴的交点上，圆锥体的中心轴在 R、

G 和 B 轴上的投影是相同的。式（3.5）表明色度与绝对强度无关，这点可以在图 3.6 中看到，色度作为相对于纯红色的极角，并不受颜色空间向量的总长度（强度）影响。因此，传统彩色成像阵列的 RGB 输出可以很容易地转换成所需的关于颜色的单参数表示。所以，就在滤光片平面的一个横向尺寸上产生了带状滤波器，和刀口类似，这种滤光片只对在水平（或垂直）方向的光束偏折分量敏感。当映射到径向坐标时，产生轴对称滤波器。这种类型的滤光片对光束偏转的绝对大小敏感，但对偏转方向不敏感，因为对于给定的半径，色度在每个角度都是常数。

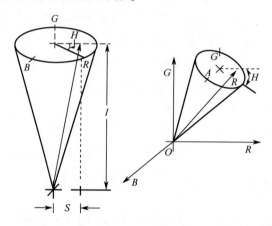

图 3.6　HIS 颜色空间与 R、G、B 三色矢量对应关系的图形表示

3.4.1　一维滤光片的标定

一维彩色滤光片的标定曲线表示色度和光束偏移之间的关系，它是在实验段中没有热干扰时利用实验装置本身获得的。最初，滤光片被放置在第二透镜的焦点上。如果预期的光束偏移主要沿着纵向轴，则一维滤片可以在纵向方向上移动。对于每个位置，摄像机记录滤光片的 RGB 图像，滤光片位置由千分尺装置记录。然后将颜色数据转换成 HSI 坐标，标定曲线是色度和千分尺读数之间的关系。落在测量主轴上的光点位置可以作为基准，因为它对应于实验中的零密度梯度。

3.5　彩色纹影图像的形成

本节描述彩色纹影测量中的图像形成过程。通过这个方法，可以根据图像平面中的色度分布来确定密度梯度（温度和浓度梯度也是同样的）。如第1章所讨论的，折射率测量技术基于洛伦兹-洛伦兹公式：

$$\frac{1}{\rho}\frac{(n^2+1)}{(n^2+2)} = 常数 \tag{3.6}$$

式中：n 为折射率；ρ 为密度。

对于气体介质，折射率接近1，也就是说，$n \approx 1$，因此式（3.6）可以简化为格拉斯通-戴尔关系式：

$$\frac{n-1}{\rho} = G \tag{3.7}$$

式中：常数 G 为格拉斯通-戴尔常数，是气体化学成分的函数，随波长略有变化。

为了不直接使用 G，我们可以利用参考状态表示，即为下标"0"：

$$n - 1 = \frac{\rho}{\rho_0}(n_0 - 1) \tag{3.8}$$

或者

$$\rho = \rho_0 \frac{n-1}{n_0 - 1} \tag{3.9}$$

很显然对于气体来说 $dn/d\rho$ 是常数。

在纹影测量中可以得到一阶梯度（如相对于 y 轴），式（3.7）可以改写为

$$\frac{\partial \rho}{\partial y} = \frac{1}{G}\frac{\partial n}{\partial y} = \frac{\rho_0}{n_0 - 1}\frac{\partial n}{\partial y} \tag{3.10}$$

为了使温度测量成为可能，折射率的变化必须与温度的变化有关。如果温度变化较小，通常在20K以内，并且压力几乎均匀分布，气体密度随温度线性变化，即

$$\rho = \rho_0(1 - \beta(T - T_0)) \tag{3.11}$$

对应地，折射率就对应温度线性变化，可以参考1.4.1节和2.2.2节。

对于传质过程，应用于溶质-溶剂系统的洛伦兹-洛伦兹公式采用如下形式[6]：

$$\frac{n^2-1}{n^2+2} = \frac{4}{3}\pi(\alpha_A C_A + \alpha_B C_B) \tag{3.12}$$

式中：n 为溶剂的折射率为 α 和 C 分别为溶液的极化率和溶液中盐的摩

尔数。

在晶体生长应用中（见第 8 章），下标 A 和 B 分别表示水为溶剂和 KDP 为溶质[4]。盐浓度梯度和折射率之间的对应关系由下式给出：

$$\frac{\partial C}{\partial y} = \frac{9n}{2\alpha_{KDP}(n^2+2)^2}\frac{\partial n}{\partial y} \tag{3.13}$$

式中：α_{KDP} 为 KDP 晶体的极化率（$=4.0\text{cm}^3/\text{mol}$）；$C$ 为溶液的摩尔浓度（每 100g 溶液的摩尔数）。

可以将式（3.13）从溶液中的某个位置（浓度梯度可以忽略）开始积分。生长晶体周围的浓度分布就可以被唯一确定了。

流体中折射率的变化是根据光束偏转来确定的，也就是滤片中对应的色度变化。二者之间的关系如下：假设 z 轴是未扰动光束的传播方向，垂直于 x-y 平面，在实验段之外该光束的累计偏转角度分别表示为 α_x 和 α_y，根据第 2 章的推导，得到

$$\alpha_x = \frac{1}{n_0}\int\frac{\partial n}{\partial x}\text{d}z \tag{3.14}$$

$$\alpha_y = \frac{1}{n_0\int\frac{\partial n}{\partial y}\text{d}z} \tag{3.15}$$

式中：n_0 为实验段周围气体的折射率。

光束向折射率增大方向偏折，在绝大多数情况下这意味光束会向密度大的区域偏折（图 3.7）。

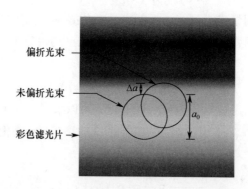

图 3.7 彩虹纹影系统中位于彩色滤光片处未偏转的和偏转的光束（见彩图）

穿过测试区域各点的光都来自光源的所有点。因此在焦点处，不仅光源的图像由来自整个视场的光组成，而且穿过视场中每点的光在滤光片平面都会给出光源的像。如果来自实验段位置 x 和 y 的光偏转角度为 α，那么来自该位置的光源的像将在滤光片平面上偏移一个量：

$$\Delta a = \pm f_2 \tan\alpha \approx \pm f_2 \alpha \tag{3.16}$$

式中：符号由滤光片平面上色相的变化决定。

在彩色纹影中，光束的偏转有效地导致色度的变化。如果实验段中某位置 x 和 y 处的光束偏转角度为 α，则滤片处光束的偏移量为

$$\Delta a_x = f_2 \alpha_x \tag{3.17}$$

$$\Delta a_y = f_2 \alpha_y \tag{3.18}$$

Δa_x 和 Δa_y 的值可以从标定曲线中图像 x 和 y 位置对应的色度获得。

同时捕获两个××分量则需要一个二维的滤片，所以色度的变化可以给出每个方向上的绝对偏转。根据式（3.14）~式（3.18）有

$$\Delta a_x = \frac{f_2}{n_0} \int_0^L \frac{\partial n}{\partial x} \mathrm{d}z \tag{3.19}$$

$$\Delta a_y = \frac{f_2}{n_0} \int_0^L \frac{\partial n}{\partial y} \mathrm{d}z \tag{3.20}$$

假设在一个折射率与光线传播方向 z 无关的二维流场中，其长度为 L，可以得到

$$\Delta a_x = \frac{f_2}{n_0} \frac{\partial n}{\partial x} L \tag{3.21}$$

$$\Delta a_y = \frac{f_2}{n_0} \frac{\partial n}{\partial y} L \tag{3.22}$$

对于气体介质，利用式（3.10），上述公式可以整理为

$$\Delta a_x = \frac{f_2}{n_0} \frac{n_0 - 1}{\rho_0} \frac{\partial \rho}{\partial x} L \tag{3.23}$$

$$\Delta a_y = \frac{f_2}{n_0} \frac{n_0 - 1}{\rho_0} \frac{\partial \rho}{\partial y} L \tag{3.24}$$

对于压力恒定为 P 的理想气体，上述公式可以表示为

$$\Delta a_x = \frac{f_2}{n_0} \frac{n_0 - 1}{\rho_0} \frac{P}{\mathrm{R}T^2} \frac{\partial T}{\partial x} L \tag{3.25}$$

$$\Delta a_y = \frac{f_2}{n_0} \frac{n_0 - 1}{\rho_0} \frac{P}{\mathrm{R}T^2} \frac{\partial T}{\partial y} L \tag{3.26}$$

结合式 (3.13) 和式 (3.20)，KDP 溶液中的光束偏转可以表示为

$$\Delta a_y = \frac{f_2}{n_0} L \frac{2\alpha_{\text{KDP}}(n^2+2)^2}{9n} \frac{\partial C}{\partial y} \qquad (3.27)$$

结合相关的边界条件，式 (3.27) 可以从溶液中的某个位置（梯度可以忽略）开始积分，得出晶体周围的浓度分布。

决定光学测量灵敏度的材料特性为 $\mathrm{d}n/\mathrm{d}C$ 或 $\mathrm{d}n/\mathrm{d}T$，其中 n 为折射率，C 为溶质浓度，T 为温度。与气体（如空气）相比，这些参数在液体中的值大约高三个数量级。因此，与空气相比不同的是只需要很小的扰动就能看到液体的光线折射。

3.5.1 轴对称场的分析

在有些应用中，物理域是圆形的，并且感兴趣的量相对于径向坐标轴对称分布。一个实例是空气中气体射流的初始阶段发展，关注气体密度，也就是气体在空气中的浓度[8]。图 3.8 给出了这种构型的纹影示意图，其中 r 是径向坐标。在笛卡儿坐标中的流场是二维的，但是在极坐标中流场是一维的。圆形区域内的折射率场 $n(r)$ 可以从纹影图像中获取。从位置 y_1 开始沿 y 方向的光束在物理域的边界以角度 $\varepsilon(y_1)$ 射出。

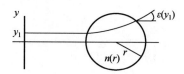

图 3.8　轴对称折射率场的图形展示[1]

对于图 3.8 所示的轴对称折射率场，可以得到[7]

$$\varepsilon(y) = 2y \int_y^\infty \frac{\mathrm{d}\delta}{\mathrm{d}r} \frac{\mathrm{d}r}{(r^2-y^2)^{0.5}} \qquad (3.28)$$

式中：$\delta = \eta - 1$ 为相对于真空的折射率；η 为测试介质利用周围空气归一化的折射率，表达式为 $\eta = \dfrac{n_{\text{medium}}}{n_{\text{ambient}}}$。

一个经常用到的折射率是 $n_{\text{ambient}} = 1.0003$。如果第二透镜的焦距为 f_c，则光束在滤光片平面的位移为

$$\delta(y) = f_c \varepsilon(y) \qquad (3.29)$$

光线偏转数据 $\delta(y)$ 可以从颜色沿 y 方向变化的一维滤光片记录的色度分布中获得。根据式（3.29）则可以计算偏转角 $\varepsilon(y)$，折射率场就可以利用阿贝尔变换[6]对式（3.28）进行反演可得

$$\delta(r) = -\frac{1}{\pi}\int_r^\infty \varepsilon(y)\frac{\mathrm{d}y}{(y^2-r^2)^{0.5}} \qquad (3.30)$$

考虑光线偏折角的影响[9]，可以对式（3.30）的积分进行分解，即

$$\delta(r_i) = -\frac{1}{2\pi}(\varepsilon_j+\varepsilon_{j+1})\int_{r_j}^{r_{j+1}}\frac{\mathrm{d}y}{(y^2-r_i^2)^{0.5}} \qquad (3.31)$$

式中：$r_i = i\Delta r$ 为感兴趣点到中心线的径向距离，Δr 为采样间隔。

测试区域的总间隔数表示为 N，式（3.31）可以用折射率差 δ 的数值算法的形式给出，即

$$\text{估计}\,\delta(r_i) = \sum_i^N D_{ij}\varepsilon_j \qquad (3.32)$$

$$\begin{array}{l} D_{ij} = J_{ij},\ j = 1 \\ D_{ij} = J_{ij} + J_{ij+1},\ j > 1 \end{array} \qquad (3.33)$$

其中

$$J_{ij} = -\frac{1}{2\pi}\ln\left[\frac{(j+1)+[(j+1)^2-i^2]^{0.5}}{j+(j^2+i^2)}\right] \qquad (3.34)$$

注意，D_{ij} 的值与采样间隔 Δr 无关。

在浮力射流的情况下[1,8]，气体混合物的折射率为[10]

$$n = 1+\delta = 1+\sum_i k_i\rho_i \qquad (3.35)$$

即关于流场中所有组分求和。k_i 和 ρ_i 分别为某种组分气体的格拉斯通-戴尔常数（见表3.2）和密度。

对于在大气条件下混合的理想气体，式（3.35）可简化为[10]

表3.2 不同气体的格拉斯通-戴尔常数（取自文献[5]）

气体	格拉斯通-戴尔常数 $k/(\times 10^{-3}\mathrm{m}^3/\mathrm{kg})$
氧气	0.190
氮气	0.238
氢气	1.5
氦气	0.196

$$n = 1 + \frac{P}{RT}\sum k_i x_i M_i \tag{3.36}$$

式中：P 为大气压强；R 为通用气体常数；x_i 为第 i 中组分的摩尔分数；M_i 为摩尔质量。

3.6 彩色纹影与单色纹影对比

与单色纹影技术相比，彩色纹影有几个潜在的优势。它用彩色滤光片代替了刀口，避免了单色纹影在刀口处出现的衍射效应，而单色纹影中的衍射误差可能需要复杂的校正。因为激光的使用，单色纹影中相机会出现过饱和的问题，而彩色纹影由于使用了白光光源，大大减少了过饱和的可能。彩色滤片可以测量正位移和负位移，并能提取定量信息，如梯度大小及其方向。色彩的对比可以区分细微的特征，并从视野中不透明或虚假物体的轮廓中区分出真实的光束位移。将测量扩展到二维滤光片，可以同时记录 x 和 y 方向的梯度信息。具有这些优势的同时，同时也应该对其他因素进行权衡，包括设计和标定合适分辨率的彩色滤光片的需求以及彩色 CCD 相机的成本。关于彩色纹影与 BOS 对比的评估，可参考文献［2］。

参考文献

［1］Al-Ammar K, Agrawal AK, Gollahalli SR, Griffin D (1998) Application of rainbow schlieren deflectometry for concentration measurements in an axisymmetric helium jet. Exp Fluids 25：89-95.

［2］Elsinga GE, Oudheusden BW, Scarno VF, Watt DW (2003) Assessment and application of quantitative schlieren methods with bi-directional sensitivity：CCS and BOS, In：Proceedings of PSFVIP-4, Chamonix, France, pp 1-17.

［3］Greenberg PS, Klimek RB, Buchele R (1995) Quantitative rainbow schlieren deflectometry. Appl Opt 34 (19)：3870-3822.

［4］Gupta AS (2011) Optical visualization and analysis of protein crystal growth process. Ph. D. dissertation, GB Technical University, India, submitted.

［5］Merzkirch W (1974) Flow visualization. Academic Press, New York and London.

[6] Mantani M, Sugiyama M, Ogawa T (1991) Electronic measurement of concentration gradient around a crystal growing from a solution by using Mach-Zehnder interferometer. J Crystal Growth 114: 71-76.

[7] Rubinstein R, Greenberg PS (1994) Rapid inversion of angular defection data for certain axisymmetric refractive index distributions. Appl Opt 33: 1141-1144.

[8] Semwal K (2008) Jet mixing study using color schlieren technique: influence of buoyancy and perforation. Master's Thesis, IIT Kanpur (India).

[9] Vasil'ev LA (1971) Schlieren methods. Israel program for scientific translation, pp 176-177, Springer, New York.

[10] Yates LA (1993) Constructed interferograms, schlieren and shadowgraphs: a user's manual, NASA CR-194530.

第 4 章 层析成像原理

关键词：卷积反投影（Convolution Backprojection Algorithm，CBP）；代数重构（Algebraic Reconstruction Technique，ART）算法；乘法代数重构（Multiplicative Algebraic Reconstruction Technique，MART）算法；熵；灵敏度；外推法

4.1 引　　言

大部分传热传质的物理系统内部的温度和浓度分布具有空间非均匀的特性。例如，用纹影法和阴影法对空气密度场进行测量时，所获得的物理信息是三维密度场在一定范围和深度上的积分/投影效果。而层析成像则是从不同空间角度获取的二维投影信息中反演三维信息的过程。可以通过转动实验装置、改变光束以及成像探测器的光轴等来获取多个投影方向的二维信息。本章主要介绍层析成像相关算法，包括 CBP、ART 和 MART 等。本章会在算法分析部分介绍二维信息夹杂的噪声对层析成像结果的影响。同时，本章还讨论了灵敏度以及有限的原始数据对层析成像结果的影响等问题。该算法的可行性将通过数值模拟以及晶体增长、射流干扰等实验行了验证。本章末介绍了如何利用本征正交分解（Proper Orthogonal Decomposition，POD）来处理非定常的成像数据。

4.2 概　　述

本书所提到的基于折射率变化的温度和浓度测量技术不可避免地会沿光轴方向对三维折射率场（折射率场由密度场决定，这里折射率场等价于密度场）进行积分处理。因此，这类技术得到的密度场或者浓度场只是三维变量的路径积分结果。这种沿光轴对变量进行积分处理的过程也叫（沿光轴的）投影，其输出的结果为二维图像。当温度变化和浓度变化同时存在相同空间

区域时可以借助双波长激光器分别获得对应的二维图像。但本书讨论的是如何从二维信息中获取三维信息。

Lanen 提出可以结合激光干涉术和全息成像技术（全息干涉技术）来获取三维空间变量[12]。但是全息干涉技术依赖全息板，以至其应用受限，特别是测量较大的空间区域时。而这个问题可以通过层析成像较好地解决，层析成像可应用于纹影和阴影技术，但是全息成像则不行。

纹影得到的投影结果（二维）反映的是密度梯度的分布情况，并且只能反映密度梯度在垂直于光轴的某个方向上的变化（该方向由刀口移动方向或彩色滤光片条带分布方向决定）。对得到密度梯度进行积分就可以得到密度或者浓度的分布情况。前面已经提到，可以从多个空间角度获取纹影结果。而这些二维结果则可以通过层析相关算法进行处理，得到三维的密度场。获取多个角度的投影结果具有较长的时间跨度，所以目前只能实现稳态三维密度场的重构。因此，层析成像在三维非定常测量中的应用仍然是一个热点问题。本章会在结尾介绍一种处理非定常三维密度场的可行方法。

这里所讨论的光学测量技术被称为透射层析成像，其光源（激光）、测量对象和探测器（如 CCD 相机）在同一直线上，使用平行光路。与上述光路不同的扇形光和锥形光对应的层析成像主要应用于医疗领域，本书不做详细讨论。

层析成像是从多个特定方向获得的二维投影函数解析三维函数的过程。相关计算方法分为：①变换法；②级数展开法；③优化法。变换法是最直接的，无须迭代，无须赋初值。通常，这一过程需要大量的投影信息才能获取粗略的三维结果。在实际操作中，可以通过转动实验装置或光线探测器来记录更多方向的投影信息。但是考虑到时间成本和物质成本，很难获取满足变换法所需要的大量投影信息。因此，必须寻求一种效率更高的重构算法，如级数展开法。由于这种有限投影结果的层析成像方法没有唯一解，因此算法对初始迭代的赋值更敏感。优化算法虽然不受初始赋值的影响，但是选择不同的优化函数会对重构结果产生较明显的影响。例如，由于所选取的优化函数的数学定义不同，采用熵极值线法可能会产生较好的结果，而采用能量最小化方法却可能很难实现相同计算精度。

变换法仅需一个无偏差的初始赋值（如变量剖面赋值为常数）便可以得到较高精度的重构结果。当然，变量剖面处赋值为随机数也可以视为无偏差的初始赋值。层析成像是一种逆向技术，算法对投影数据中的误差（噪声）

极为敏感。但是成功的反演结果可以揭示变量在三维空间的分布趋势，这一点是二维投影结果所无法体现的。

以下是激光纹影法获取三维密度场的投影结果过程：光源（激光器）、测试区域和探测器（CCD 相机）位于同一直线上，使用平行激光束扫描感测试区域（图 4.1），激光束对某一位置进行扫描可得到一维的投影结果，改变 s 并不断扫描可实现空间上的积分，最终得到某个 θ 角对应的二维投影结果。以此类推，可以得到各个方向的二维投影结果。层析成像是从一系列线积分中得到原始函数的过程，而这些线性积分的方向是已知的。二维函数的投影是在某一方向上的线性积分。具体地说，将给定的二维函数定义为 $f(r,\phi)$。将投影函数上的单条激光束 SD 对应的数据沿 z 方向进行投影时，得到的投影函数 $p(s,\theta)$ 为

$$p(s,\theta) = \int_{SD} f(r,\phi) \, \mathrm{d}z \tag{4.1}$$

式中：s 和 θ 共同决定光束本次扫描平面内的位置，s 是光线与观测中心的垂直距离，θ 是激光束相对于观测中心的角度；z 代表沿光束方向。

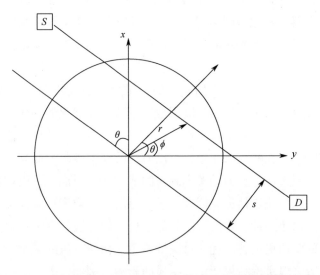

图 4.1 投影数据获取示意图（S 为平行光源；D 为成像探测器；s 为光束到测试区域中心的距离；θ 为观测角；r 和 φ 共同表示极坐标）

实际操作中通过改变入射角 θ（0-π）和到测量中心距离 s 得到测量对象在各个方向的投影结果 $p(s,\theta)$。对象函数 $f(r,\phi)$ 到投影结果 $p(s,\theta)$ 的过程称为 Radon 变换（式（4.1））。层析成像则是需要从投影结果 $p(s,\theta)$ 中反

推得到对象函数 $f(r,\phi)$[10,14-15]，即实现 r-ϕ 平面或 x-y 平面内数据的重构。对平行于 x-y 平面的平面重复该过程，便可以得到三维空间的变量分布。但是层析成像应用的背景是：相应的成像技术得到的投影结果是由沿光路积分的空间分布不均匀的变量决定的，如干涉法、纹影法和阴影法等，这一部分已经在第 1 章～第 3 章讨论过。

下面将集中讨论层析成像技术及其应用验证。

4.3　卷积反投影

CBP 算法是一种基于投影的三维重建技术，其属于变换法。该方法已成功应用于人类脑部组织的医学成像长达数十年。卷积反投影算法的主要优点包括：①非迭代性；②可对投影结果的收敛性进行分析；③可提供误差估计。使用该方法获得较高精度的三维场需要消耗大量的二维投影结果，这也是其不足之处。在实际工程应用中，如此高的数据成本是很难提供的，特别是在短时间内对非定常对象进行大量二维投影数据采集时。在一些稳定流动的实验中，CBP 算法仍然被广泛应用，但是其要求的测量区域相对较小。下面主要介绍 CBP 算法。

式（4.1）可以改写为

$$p(s,\theta) = \int_C f(r,\phi) \mathrm{d}z \tag{4.2}$$

式中：p 为实验所得的投影数据；f 为反演预期结果，即对象函数，f 一般对应空间上非均匀分布的物理量，如密度、空隙率、衰减系数、折射率、温度和浓度等；s、θ、r 和 ϕ 分别为光束相对于测试对象中心的距离、光束入射角度、被测对象内部物理量的坐标和方位（图4.1）。积分的实施，是变量 z 沿着由 s 和 θ 定义的光线弦长 C 进行的。

根据 Herman 提出的投影切片定理[10]，可用如下式表示投影结果：

$$\bar{p}(R,\theta) = \bar{f}(R\cos\theta, R\sin\theta) \tag{4.3}$$

式中：上画线代表傅里叶变换；R 为空间频率。

式（4.3）代表 p 在 s 上的一维傅里叶变换和 f 在 r 和 ϕ 上的二维傅里叶变换。对其进行傅里叶逆变换，可得

$$f(r,\phi) = \int_0^\pi \int_{-\infty}^\infty \bar{p}(R,\theta) \exp(\mathrm{i}2\pi R r \cos(\theta-\phi)) |R| \mathrm{d}R \mathrm{d}\theta$$

式中，$\mathrm{i} = \sqrt{-1}$，并且

$$\bar{p}(R,\theta) = \int_{-\infty}^{\infty} p(s,\theta)\exp(-\mathrm{i}2\pi Rs)\mathrm{d}s$$

式中的内层积分相对于空间频率 R 是发散的。为解决这个问题,常见的做法是用 $W(R)|R|$ 代替 $|R|$,其中 W 是仅在 $[-R_c, R_c]$ 区间内存在的窗口函数。截止频率 R_c 可认为与光束的空间间距成反比,以便对积分进行数值计算。当采用带通滤波器时,反演公式可以变换为卷积积分的形式:

$$f(r,\phi) = \int_0^\pi \int_{-\infty}^{\infty} p(s,\theta) q(s'-s)\mathrm{d}s\mathrm{d}\theta \tag{4.4}$$

其中

$$q(s) = \int_{-\infty}^{\infty} |R|W(R)\exp(\mathrm{i}2\pi Rs)\mathrm{d}R$$

$$s' = r\cos(\theta-\phi)$$

在 s 上的内积分是一维卷积,而外积分则是在 θ 上的平均运算,其被称为反投影。这种卷积反投影算法在医学成像中很常见。

Munshi P 介绍了 CBP 算法在流动和传热问题中的应用[22]。

4.4 迭代技术

级数展开法由于对投影数据需求少,因此被认为是最适合反演折射率场的层析成像算法[2,3,5,13,16,21,24,26-28,32-33,36]。该类方法主要包括 4 个步骤:利用网格重构目标对象时的初值假设;像素校正;修正;收敛性检验。

该方法的核心,即像素校正的主要技术路线如下:利用假设的变量场,可以通过数值积分方法得到显式计算的投影结果。计算得到的投影结果和实验得到的投影数据之间的差异可作为衡量误差的标准。可将这种差异重新赋值到每个像素对应的数值,从而将误差归零。一般的做法是,重复此步骤,使收敛结果达到期望值。级数展开法的精度仅与在网格上差异赋值的方式有关。收敛性检验中的"收敛"在工程计算上被作为迭代停止准则,而不是在严格的数学意义上的收敛,其需要一个严格的收敛值来判断数值解的收敛性。

迭代方法要求将被求解平面以矩形网格的形式进行离散如图 4.2 所示。在给定的投影结果中,第 i 条光束在第 j 个网格内的截距的长度称为权重函数 w_{ij}。如果 f_j 是第 j 个网格单元对应的物理量,则光束路径上的积分可以看作不同网格对应的加权求和结果:

第 4 章 层析成像原理

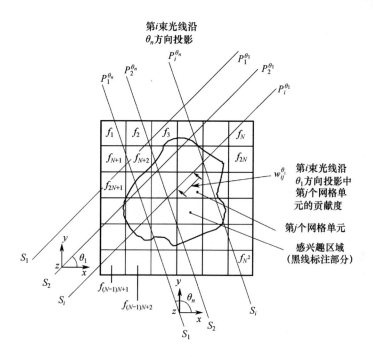

图 4.2 迭代平面的离散化示意图
（投影方向用 θ 表示，网格单元由 j 表示，光束序号由 i 表示）

$$\phi_i = \sum_{j=1}^{N} w_{ij} f_j \quad i = 1, 2, \cdots, M \tag{4.5}$$

式中：ϕ 代表投影数据；积分总数 N 是未知的，一般不等于光束总数 M。

式（4.5）的离散形式可以用矩阵的方式表示为

$$[w_{ij}]\{f_j\} = \{\phi_i\} \tag{4.6}$$

这样一来，对象重构的问题就变为矩形矩阵的反演问题[4]，即层析成像中使用的迭代技术转换为广义上求解矩阵的逆 $[w_{ij}]$。该矩阵为稀疏矩阵，矩阵内很多元素为零。通用矩阵类型无法用于求解这类矩阵，因为这类矩阵多以不规则矩形为主，并且内部结构混乱。层析算法是一种实现该类矩阵求逆的有效途径。

本节讨论的级数展开方法可分为：ART（代数重构）算法和 MART（乘法代数重构）算法。接下来介绍熵最大化和能量最小化的迭代优化方法。

ART 算法和 MART 算法的差异主要是在每次迭代中更新变量的方式不同。ART 算法采用加法来校正更新变量，而 MART 算法却采用乘法。这两种方法的数值求解过程是基于对初始假设得到的估计投影值与通过实验获得的投影值进行对比。在一个迭代内，此过程可以为测量区域内的变量提供修正项，变量得到一次更新。因此，每一次迭代得到的变量都和上一次的不相同，并且每一次迭代都会求取计算结果和实验结果的差值。如果差值在可接受的范围内，则迭代停止，否则继续。

实际三维空间的变量分布是难以测得的，因此可以使用与实际变量场类似的测试函数（为虚拟场）来估计迭代次数。在噪声干扰下，测试函数也应进行适当的调整，用以衡量算法对投影数据的初始猜测和误差等问题的敏感性。只有在对投影数据中的噪声进行精确估计并对原始变量场有较为仔细的认识下，才能够顺利的运用这种方法。并且，投影数据中噪声水平和噪声分布性质的变化也可以改变计算收敛的速度。

本书提到的层析成像算法本质上是一种迭代算法，其中间步骤也会涉及循环形式的迭代。为了辨别次迭代的起止，在每个算法的描述中加有表示开始和结束语句标签。这些算法以伪码的形式，在接下来的部分会做简要的介绍。

4.4.1 ART 算法

大量的文献都对 ART 算法进行了介绍，而最早开展该算法研究的应属 Kaczmarz[11] 和 Tanabe[31]。Kaczmarz 和 Tanabe 的算法不同，主要体现在修正的方式有所差异。本文作者在光学测量技术的背景下成功测试了以下相关内容。

4.4.1.1 简式 ART 算法

Mayinger[14] 提出可利用权重函数对每一步计算结果进行修正，其计算方式为沿光线方向取平均修正。对于给定的某条光路，计算出投影结果与测量结果之间的总体差异给出了可用的总体修正量。而平均修正则由每个单元格在光路上的弦长所占权重决定。平均修正的大小由总体修正按照单元格所占弦长比重决定。这样就实现了对某 θ 角度投影的一次迭代计算。迭代过程中空间变量的分布和强度会不断更新，但是其对应的投影强度不会发生变化，直到完成给定角度下所有光束的反演计算。该算法称为 ART1，下面对其进行详细介绍。

设 $\phi_{i\theta}$ 是由于 θ 方向的第 i 条光束的投影，$\overline{f_i}$ 为对应的初始猜测值。用数

值方法表示当前投影 $\bar{\phi}_{i\theta}$ 为

$$\bar{\phi}_{i\theta} = \sum_{j=1}^{N} w_{i\theta,j} f_j, \quad i\theta = 1, 2, \cdots, M_\theta \tag{4.7}$$

下面列出算法中的各个步骤。

计算沿每条光束计算总权重函数（$W_{i\theta}$）：

开始（循环）步骤1：对于每个投影角度（θ）；

开始步骤2：对每条射线（$i\theta$）；

开始步骤3：对每个网格单元格（J），计算

$$W_{i\theta} = \sum_{j=1}^{N} w_{i\theta,j}$$

停止步骤3；

停止步骤2；

停止步骤1；

开始步骤4：开始迭代（k）；

开始步骤5：从每个投影角（θ）；

开始步骤6：从每条射线（$i\theta$）；

开始计算数值投影（式（4.7））；

停止步骤6；

开始步骤7：从每条射线（$i\theta$）开始，

计算修正：

$$\Delta\phi_{i\theta} = \phi_{i\theta} - \bar{\phi}_{i\theta}$$

计算修正的平均值：

$$\overline{\Delta\phi_{i\theta}} = \frac{\Delta\phi_{i\theta}}{W_{i\theta}}$$

停止步骤7；

开始步骤8：对于每条射线（$i\theta$）；

开始步骤9：对于每个单元格 J 计算，

如果 $w_{i\theta,j}$ 非零，则：

$$f_j^{\text{new}} = f_j^{\text{old}} + \mu \overline{\Delta\phi_{i\theta}}$$

式中：μ 为松弛因子；

停止步骤9；

停止步骤8；

停止步骤5;

e 为规定的收敛准则,如 0.01%,验算收敛为

$$\text{abs}\left[\frac{f^{k+1}-f^k}{f^{k+1}}\right]\times 100 \leqslant e \tag{4.8}$$

满足则停止; 否则继续;

停止步骤4 (k)。

4.4.1.2　Gordon ART 算法

接下来介绍由 Gordon 等提出的一种 ART 算法[7-8]。在一定条件下,Mayinger 的 ART 与 Gordon 相似即:对于给定的投影,每个网格某个时刻只允许穿过一条光线。通过这种方法,利用平均修正对第 i 条光束穿过的所有网格上的变量进行修正权重因子此时为 W_{ij} 的一部分。在每条光线计算后,投影数据再进行更新。这个过程称为 ART2。

计算沿每条光线的总权重函数 ($W_{i\theta}$):

开始（循环）步骤1: 对于每个投影角度 (θ);

开始步骤2: 对每条射线 ($i\theta$);

开始步骤3: 对每个网格单元格 (j) 计算

$$W_{i\theta}=\sum_{j=1}^{N}w_{i\theta,j}\times w_{i\theta,j}$$

停止步骤3;

停止步骤2;

停止步骤1;

开始步骤4: 开始迭代 (k);

开始步骤5: 从每个投影角 (θ) 开始;

开始步骤6: 从每条射线 ($i\theta$) 开始;

计算数值投影 (式 (4.7));

计算修正:

$$\Delta\phi_{i\theta}=\phi_{i\theta}-\overline{\phi}_{i\theta}$$

开始步骤7: 对于每个单元格 (j) 计算:

如果 $w_{i\theta,j}$ 非零, 则

$$f_j^{\text{new}}=f_j^{\text{old}}+\mu\frac{\Delta\phi_{i\theta}\times w_{i\theta,j}}{W_{i\theta}}$$

式中：μ 为松弛因子；

停止步骤 7；

停止步骤 6；

停止步骤 5；

按照式（4.8）检查收敛性；

停止步骤 4（k）。

4.4.1.3　Gilbert ART 算法

Gilbert[6] 开发了一种全新的 ART 衍生算法：SIRT（Simultaneous Iterative Reconstruction Technique，同时迭代重构）算法。在 SIRT 中，图像的每个像素修正完成后还需要对所有的目标函数进行修正。这样的计算路径称为 ART3。数值计算先得到每个角度对应的投影，在所有光线全部完成计算后才进行数据更新。该算法会对相同 s 不同角度的光束进行检测，从而确定穿过某目标网格的所有光束。对于每个网格，每条穿过它的光束贡献的修正量是不一样的，这由权重函数 W_{ij} 决定。所有光束施加的修正的代数平均值共同作用于该网格。算法的步骤如下：

沿每条光束计算权重函数（$W_{i\theta}$）：

开始（循环）步骤 1：对于每个投影角度（θ）；

开始步骤 2：对每条射线（$i\theta$）；

开始步骤 3：对每个网格单元格（j）计算

$$W_{i\theta} = \sum_{j=1}^{N} w_{i\theta,j} \times w_{i\theta,j}$$

停止步骤 3；

停止步骤 2；

停止步骤 1；

开始步骤 4：开始迭代（k）；

开始步骤 5：从每个投影角（θ）开始；

开始步骤 6：从每条射线（$i\theta$）开始；

计算数值投影（式（4.7））；

计算修正：

$$\Delta\phi_{i\theta} = \phi_{i\theta} - \overline{\phi}_{i\theta}$$

停止步骤 6；

停止步骤 5；

开始步骤 7：对每个网格单元格 (j)，

判断通过指定网格 (j) 的所有光束。设 M_{cj} 是通过第 j 个网格的光束总数，则修正如下：

$$f_j^{\text{new}} = f_j^{\text{old}} + \frac{1}{Mc_j}\sum_{Mc_j}\mu\frac{w_{i\theta,j}\Delta\phi_{i\theta}}{W_{i\theta}}$$

式中：μ 为松弛因子；

停止步骤 7；

按照式（4.8）检查收敛性；

停止步骤 4 (k)。

4.4.1.4 Anderson ART 算法

Anderson 和 Kak[1] 提出了一种 ART 的衍生算法：SART（Simultaneous Algebraic Reconstruction Technique，同时代数重构）算法，该方法实现修正的方式与 ART1 类似。不同之处在于计算每个网格的修正。SART 使用的权重函数更精确，由光束与网格的相交的绝对位置决定，而 ART1 则是对每个网格进行平均修正。该算法可记为 ART4，对应的步骤如下：

沿每条光束计算权重函数（$W_{i\theta}$）：

开始（循环）步骤 1：对于每个投影角度（θ）；

开始步骤 2：对每条射线（$i\theta$）；

开始步骤 3：对每个网格单元格（j）计算

$$W_{i\theta} = \sum_{j=1}^{N} w_{i\theta,j} w_{i\theta,j}$$

停止步骤 3；

停止步骤 2；

停止步骤 1；

开始步骤 4：开始迭代（k）；

开始步骤 5：从每个投影角（θ）；

开始步骤 6：从每条射线（$i\theta$）；

开始计算数值投影（式 4.7）；

停止步骤 6；

开始步骤 7：从每条射线（$i\theta$）开始，

计算修正：

$$\Delta\phi_{i\theta} = \phi_{i\theta} - \bar{\phi}_{i\theta}$$

开始步骤 8：对每个网格单元格（j），

如果 $w_{i\theta,j}$ 非零，则

$$f_j^{\text{new}} = f_j^{\text{old}} + \mu \frac{\Delta\phi_{i\theta} w_{i\theta,j}}{W_{i\theta}}$$

式中：μ 为松弛因子；

停止步骤 8；

停止步骤 5；

停止步骤 7；

按照式（4.8）检查收敛性；

停止步骤 4（k）。

4.4.2　MART 算法

当迭代算法中的修正算法采用乘法形式，而不是加法形式时，这些算法被归类到 MART 算法下（Verhoeven[35]）。Gordon[7] 以及 Gordon 和 Herman[8] 在两篇文献中提出了不同形式的 MART 算法。下面介绍的 MART 算法与文献［35］中的算法相似。

ART 算法和 MART 算法的主要区别于修正的计算。ART 算法使用计算投影和测量投影之间的差值，而 MART 算法使用两者之间的比值。因此，计算过程中应用于每个网格的校正是通过乘法实现的。这种结构与 Gordon 的 ART 算法（ART2）相似。

下面介绍 3 种不同版本的 MART 算法：

开始（循环）步骤 1：开始迭代（k）；

开始步骤 2：对于每个投影角度（θ）；

开始步骤 3：对每条射线（$i\theta$），

计算数值投影（式（4.7）），

计算修正：

$$\Delta\phi_{i\theta} = \frac{\phi_{i\theta}}{\bar{\phi}_{i\theta}}$$

开始步骤 4：对每个网格单元格（j），

如果 $w_{i\theta,j}$ 非零，则

MART1 为

$$f_j^{\text{new}} = f_j^{\text{old}}(1.0 - \mu(\Delta\phi_{i\theta}))$$

MART2 为

$$f_j^{\text{new}} = f_j^{\text{old}}\left(1.0 - \mu \frac{w_{i\theta,j}}{(w_{i\theta,j})_{\max}}(1.0 - \Delta\phi_{i\theta})\right)$$

MART3 为

$$f_j^{\text{new}} = f_j^{\text{old}}(\Delta\phi_{i\theta})^{(\mu w_{i\theta,j}/(w_{i\theta,j})_{\max})}$$

式中：μ 为松弛因子；

停止步骤 4；

停止步骤 3；

停止步骤 2；

按照式（4.8）检查收敛性；

停止步骤 1。

步骤 3 和步骤 4 为重构算法的核心部分。这 3 个 MART 版本都包含松弛因子 μ，其典型值一般在 0.01~0.1 范围内，μ 过大时容易导致计算发散。需要注意的是，步骤 3 中计算的修正是实验数据（$\phi_{i\theta}$）和数值结果（$\overline{\phi}_{i\theta}$，通过迭代得到）的比值。这 3 个版本的 MART 在实现修正的方式上有所不同。在 MART1 中，权重函数为二进制形式，即一束光线穿过（1）或者未穿过（0）一个网格。在 MART2 和 MART3 中，加权函数被准确地计算为像素所截断的光束长度与被光束包围的区域的最大维数之比。

4.4.2.1 AVMART 算法

从不同视角记录的有限投影数据在重构原始函数时会导致矩阵求逆的不适定问题（解不唯一）。投影数据越少，该问题越明显。所得矩阵为矩形，且其含有的未知数大于方程数。由于矩阵结构性的问题，迭代到特定的收敛解取决于初始赋值，投影数据中的噪声级别以及所采用的欠松弛因子等。可以从以下几个方面对 MART 算法进行扩展：①扩大松弛因子的范围；②减小投影数据中噪声干扰；③当初始赋值为常数时，提供有效解。

AVMART 算法（AV 代表平均）是一种通过考虑所有穿过给定像素的光线的修正方法[19]。和利用单条光束实现修正不同，AVMART 算法利用所有作用光束的平均值来进行修正。常规 MART 算法和 AVMART 算法的区别如下：对每一个像素处的修正将基于 N 条光线的所有校正的乘积的第 N 次根进行更新。这样做是因为在有噪声的情况下，平均修正的效果会更好。因为引入了平均修正，算法对噪声的敏感性会降低。但是，算法也存在潜在问题。比如，由于采用了所有光束作用的平均修正，重构场对应的投影结果不强制和实验测得的投影结果一致。但是在验证研究中并未发现该方法的明显不适用性。

接下来主要介绍了 AVMART 算法相对于 MART 算法的重要步骤，即步骤 4，所有其他步骤与 MART 算法保持不变。

开始步骤 4：对每个网格单元格 j，

判断通过指定网格 j 的所有光束。设 M_{cj} 是通过第 j 个网格的光束总数，则修正如下：

AVMART1 为

$$f_j^{\text{new}} = f_j^{\text{old}} \left(\prod_{Mc_j} (1.0 - \mu(\Delta\phi_{i\theta})) \right)^{1/Mc_j}$$

AVMART2 为

$$f_j^{\text{new}} = f_j^{\text{old}} \left(\prod_{Mc_j} \left(1.0 - \mu \frac{w_{i\theta,j}}{(w_{i\theta,j})_{\max}}(1.0 - \Delta\phi_{i\theta})\right) \right)$$

AVMART3 为

$$f_j^{\text{new}} = f_j^{\text{old}} \left(\prod_{Mc_j} (\Delta\phi_{i\theta})^{\mu w_{i\theta,j}/(w_{i\theta,j})_{\max}} \right)^{1/Mc_j}$$

停止步骤 4。

上面三种算法中的符号 Π 表示在 M_{cj} 上求积。每种方法都需要估计求积结果的第 M_{cj} 次根。为保证公式和语句的完整性，上面公式中保留松弛因子 μ，只不过它在计算时默认为 1。

4.4.3 熵优最大化算法

根据信息论，我们可以对图像进行分析并构造具有一定实用价值的层析成像算法。假设有一个源，能够生成离散的数据信息 r_k 的概率为 p_k。将与 r_k 相关的信息用对数形式表示：

$$I_k = -\ln p_k$$

则源的熵以其生成的离散数据的平均值表示：

$$\text{熵} = -\sum_{k=1}^{L} p_k \ln p_k$$

当变量源是图像时,离散数据的概率可以用灰度 f_j 表示,对于第 j 幅像素,其熵可以记为

$$\text{熵} = -\sum_{j=1}^{N} f_j \ln f_j$$

对于自然系统,图像上灰度分布 f_j 的遵循热力学第二定律,即

$$f_j: -\sum_j f_j \ln f_j = \text{maximum}$$

以上是熵优最大化(MAXENT)算法的基础。对于干涉图像,可以将像素温度视为变量,并以温度幅值构建熵。在无约束情况下,上述优化问题的解对应于恒定的温度分布,从概率上讲即为均匀的直方图。因此,正确使用 MAXENT 算法时,其可以作为投影的约束。

MAXENT 算法[9]要求系统的熵沿投影方向最大。这样会产生一个无偏解,并且保留对无法测得的变量的最大容许度。当投影数据不完整时,此技术更加有优势[4],下面对其进行详细介绍。

假设连续方程满足 $f(x,y,z) > 0$,每个像素对应的值即为 $f_j(j=1,2,\cdots)$。以上技术对应泛函的极值化结果受到一系列约束条件:

$$F = -\sum_{j=1}^{N} f_j \ln |f_j| \tag{4.9}$$

在 MAXENT 算法中,被重构的投影数据和其他的先验信息可视为熵最大化过程的约束条件。以下是一种描述典型最大熵问题的公式:

$$\begin{cases} \text{maximize} \left(-\sum_{j=1}^{N} f_j \ln |f_j| \right) \\ \text{s.t.} \ \phi_i = \sum_{j=1}^{N} w_{ij} f_j \\ f_j > 0 \end{cases} \tag{4.10}$$

在某些约束条件下,可以使用多种方案来极值化函数,例如拉格朗日子乘法。最大熵算法已被证明等价于 MART 算法,这里不再做进一步介绍。

4.4.3.1 最小能量

将熵替换,MAXENT 算法仍然可推广用于其他函数。Gull 和 Newton[9] 提出了 4 种这样的函数,其最大化结果可以和投影结果共同作为层析成像重构的约束条件。和熵函数不同,能量函数更普遍运用于物理问题中。最小能量方法(MEM)可以通过类似于 MAXENT 算法的方式实现,即

$$\begin{cases} \text{maximize} \left(-\sum_{j=1}^{N} f_j^2 \right) \\ \text{s. t.} \quad \phi_i = \sum_{j=1}^{N} w_{ij} f_j \end{cases} \quad (4.11)$$

与 MAXENT 算法相比，MEM 由于使用了拉格朗日乘数技术可生成一组线性方程，从而更容易实现。但是，Gull 和 Newton[9] 更推崇 MAXENT 算法，因为他们发现 MEM 会产生负相关的有偏场。

4.5　层析算法检验

Subbarao 等[30] 通过对合成的温度场进行测量，完成了 ART 算法、MART 算法和优化算法的测试。通过测试可以定量地评估每种方法的收敛性和误差特性。在完成各项测试后他们发现 MART3 在错误率和 CPU 耗时方面表现最好。对 AVMART 算法的验证会在本节中进行介绍，分为两种：一种是具有 5 个孔的标准圆形场；另一种是数值生成的三维对流温度场。采用和实验情况相似的温度场有助于选择正确的初始赋值并使误差水平在预期范围内。同时，也有助于选择合适的层析成像算法。数值生成的温度场对噪声的敏感性也得到了分析。敏感性研究中主要涉及的问题是初始的设置、投影数据中的噪声以及增加投影数目对重构精度的影响。文献 [17-20] 已经讨论了干涉法层析成像中的迭代技术。

4.5.1　带孔圆盘的重构

本节介绍的测试对象为带 5 个对称孔的圆形区域。圆形区域是根据局部无量纲密度来识别的，圆孔内为 0，孔外密度为 1。为了更容易实现重建算法，这里将圆形区域围扩大为一个正方形区域。圆形和正方形之间的区域密度为 0（在计算中规定密度小于 0.001 即为 0）。正方形区域在 x 和 y 方向上划分为 61×61 个单元。物体的投影可通过算法唯一确定。下面将讨论使用原始 MART 算法以及 AVMART 算法从有限数量的投影中恢复原始对象。

测试采用的投影角度分别为 0°、45°、90°和 135°。密度场的最初赋值为一固定常数。迭代收敛标准为 1%。收敛率达到 0.01% 时求得的解的误差可能偏大，但这样的解仍被作为可信解。根据线性代数方程组的矩形系统特点，层析成像算法的收敛是渐近的（但不是单调的）。在本节示例中，当孔边界处具有阶跃不连续时，可以在 5 个孔的重构中得到相同的预期趋势。原始 MART 法的松弛因子设置为 0.1，而 AVMART 算法中松弛因子设置为 1。

图 4.3 显示了使用 3 种 MART 算法和 3 种 AVMART 算法重构的温度。理论上这 6 种算法都能得到一个满足收敛的解。在本例中，空隙率，即孔所占空间面积的百分比为 0.34。在重构得到的解中，空隙率可由下式确定：

$$空隙率 = 1 - \frac{\sum_{i=1}^{N} \rho_i}{N}$$

重构结果显示，6 种算法得到的空隙率均为 0.346。而这些算法在 CPU 耗时、误差和误差分布上有所不同。现在介绍三种不同的误差。

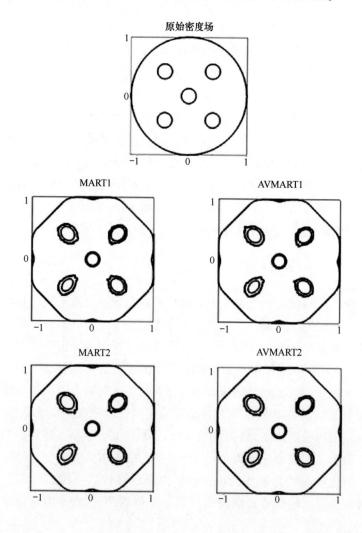

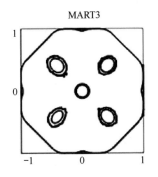 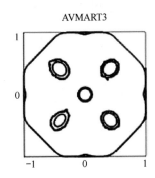

图 4.3 带孔圆形区域的原始密度场和重建密度场（由于使用的观测角度数量有限，外圈显示为八角形）（左边为 MART 算法的重建结果（1~3）；右边为 AVMART 算法的重建结果（1~3））

最大绝对差值，即

$$E_1 = \max[\,\mathrm{abs}(\rho_{\mathrm{orig}} - \rho_{\mathrm{recon}})\,]$$

均方根误差，即

$$E_2 = \sqrt{\frac{\sum [(\rho_{\mathrm{orig}} - \rho_{\mathrm{recon}})]^2}{N}}$$

归一化均方根误差（%），即

$$E_3 = \frac{E_2}{\rho_{\max} - \rho_{\min}} \times 100$$

本节还对重构场的误差及其分布进行了分析。分析了绝对误差占 E_1 误差百分比在大于 95%、75%~95% 和 50%~75% 3 个区间的分布情况。

表 4.1 给出了不同算法对应的误差及其分布。由于图 4.3 中的数据在绘图前已进行平滑处理，所以这些误差无法在图 4.3 中用肉眼观察到。从表 4.1 可以清楚地看到，6 种算法的误差分布较为接近，MART1 和 AVMART1 的误差略高。误差分布结果显示：存在较大误差（大于 95%）的区域面积相对较小，仅占测试区域的 0.27%。具体而言，较大的误差仅存在于孔的边缘，因为在该处变量（本例中的密度）发生阶跃。其他区域的误差都比较小。MART 算法和 AVMART 算法之间最显著的区别在于迭代次数（以及相应的 CPU 时间）不同。AVMART 算法收敛所需的迭代次数较少，所消耗的 CPU 机时也更短。这充分地证明了该算法的计算精度和计算效率。

表 4.1 不同算法对应的误差及其分布

量	MART1	MART2	MART3	AVMART1	AVMART2	AVMART3
E_1	0.99	0.96	0.95	0.99	0.96	0.96
E_2	0.25	0.24	0.23	0.24	0.23	0.23
E_3/%	25.12	24.08	23.63	24.59	23.72	23.65
误差						
大于95%	0.27	0.05	0.05	0.27	0.05	0.05
75%~95%	0.64	0.62	0.86	0.83	0.72	0.70
50%~75%	3.90	4.11	4.43	3.47	4.00	3.98
迭代次数	51	63	29	17	24	21
CPU 时间/min	9.51	11.97	5.65	0.32	0.45	0.40

4.5.2 数值生成热场的重构

第二个用来分析的对象是数值生成的在水平方向存在差异受热的对流热场。为明确起见，所采用的壁温分别为 15℃ 和 30℃。三维温度场的求解过程如下：用有限差分法求解二维流函数、涡量和能量方程，并在侧壁施加对称条件。由此得到的解对应于无限流体层上的纵向环状运动系统。这些几何图形对应于三维温度场，以多边形平面图显示[21]。通过在平行于滚动轴线的热场中叠加一个正弦变量，模拟了三维运动。温度场的分布结果揭示了流体层以立方体块组织流动（图4.4）。

选定上述变量场进行重构的优点有：①场内的变量分布是连续的，因此重构误差比有孔圆面更小；②数据较好，对应的误差较小，可以更加系统地研究投影数据中初始赋值和噪声项对误差的影响；③所分析的热场在物理上是可实现的。

为了重构，可将流体层离散为 11 个平面，每个平面划分为 61×61 个单元。AVMART 算法中的松弛因子设置为单位 1。由于 AVMART 算法是在有限的数据条件下进行测试的，所以只考虑了两个和四个投影的情况。计算中统一采用了 0.01% 的收敛准则。这里给出的误差是基于整个流体层的。就温度而言，误差可分为 3 种。

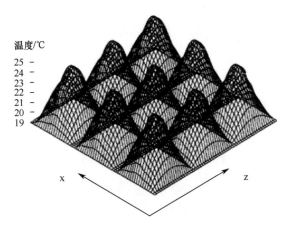

图 4.4 流体层中平面上的温度分布，使用立方体网格块，
该数据用于计算投影数据，随后用于评估重构误差

最大绝对差值（℃），即

$$E_1 = \max[\operatorname{abs}(T_{\text{orig}} - T_{\text{recon}})]$$

均方根误差（℃），即

$$E_2 = \sqrt{\frac{\sum[(T_{\text{orig}} - T_{\text{recon}})]^2}{N}}$$

归一化均方根误差（%），即

$$E_3 = \frac{E_2}{T_{\text{hot}} - T_{\text{cold}}} \times 100$$

式中：T_{hot} 和 T_{cold} 是热层温度和冷层温度；T_{orig} 和 T_{recon} 分别是原始场和重建场的温度变量；同时还给出了流体层中误差水平的分布情况。

根据误差相对于 E_1 误差的百分比，将误差分布划分为三个区域，即大于95%、75%~95%和50%~75%。

4.5.2.1 对初始赋值的敏感性

基于有限投影数据的 ART 算法族的矩阵求逆是一个数学上不适定的问题。一般来说，其涉及的方程个数小于未知数的个数，这使得解集不唯一。不同的初始赋值原则上可能导致出现不同的解。如果对所研究的领域没有深入的了解则很难规定初始赋值。算法对初始赋值的敏感性已从 3 个不同的温度场进行了以下研究：

(1) 恒温场（1℃）；

(2) 对应于二维纵环流动的温度分布；

(3) 0 到 1℃ 之间的随机场，均方根值为 0.5℃。

初始赋值（1）和（2）很好地从定性上再现图 4.4 中的热场。重建后的热场与原始热场非常接近，因此此处不做展示。在初始赋值（3）中出现的噪声在重构数据中也可以观察到。对此，可以使用带通滤波器在频域中过滤噪声。去除噪声后的重建场与图 4.4 中的原始场相似。表 4.2 给出了 3 种初始赋值对应的错误、迭代次数和 CPU 耗时。误差百分比分布情况如表 4.3 所列。在初始赋值为（1）和（2）时，3 种算法的均方根误差和误差百分比都很小。最大误差较大，但根据表 4.3 可知，较大误差仅出现在局部区域。因此，可以认为初始赋值（1）和（2）实际上是等效的。对于 AVMART1 和 AVMART2，它们与初始赋值（3）对应的误差一致，均比较高，但是对于 AVMART3，误差较小。AVMART3 的迭代次数也更小。因此，AVMART3 在给出的算法中，由噪声初始赋值产生的错误率和 CPU 时间方面是最优的。

表 4.2 受热不同的流体层中 AVMART 算法的性能比较

初值	量	AVMART1	AVMART2	AVMART3
恒温场	E_1/℃	1.97	1.97	1.97
	E_2/℃	0.49	0.48	0.49
	E_3/%	2.86	2.79	2.86
	迭代次数	9	12	14
	CPU 时间/s	30.6	41.3	47.2
二维纵环流	E_1/℃	1.98	1.98	1.98
	E_2/℃	0.49	0.49	0.49
	E_3/%	2.86	2.86	2.86
	迭代次数	8	12	12
	CPU 时间/s	28.9	41.2	42.7
随机场	E_1/℃	12.15	13.42	6.20
	E_2/℃	5.59	4.74	0.60
	E_3/%	32.70	27.77	3.50
	迭代次数	15	17	14
	CPU 时间/s	52.8	59.1	47.8

表 4.3　流体层上 E_1 误差的百分比分布

初值	误差	AVMART1	AVMART2	AVMART3
(1)	大于 95%	0.17	0.17	0.17
	75%~95%	0.57	0.48	0.57
	50%~75%	5.76	5.15	5.73
(2)	大于 95%	0.17	0.17	0.17
	75%~95%	0.60	0.62	0.62
	50%~75%	5.68	5.58	5.58
(3)	大于 95%	0.02	0.01	0.002
	75%~95%	5.79	2.00	0.02
	50%~75%	34.46	11.92	0.30

AVMART3 对噪声的不敏感性可以解释如下。在另外两种算法中，修正是通过求 M_{cj} 条射线产生的所有校正的乘积的 M_{cj} 次根来实现的。在第三种方法中，根的值被修正为每一条射线与所讨论的单元的截距长度。这改进了对路径积分的估计。

4.5.2.2　投影数据对噪声的敏感性

测量投影的装置由商业光学元件以及记录和数字化元件等构成，因此投影数据不可避免含有噪声。例如，插值和图像处理之类的软件操作也会导致投影数据出现误差。

使用带噪声的投影数据作为输入量对两种 AVMART 算法（1 和 2）的性能进行了对比分析。所有计算均采用 5% 的噪声等级。噪声项是用均匀概率密度函数的随机数发生器产生的。这里给出对应于（0，90°）和（0，60°，90°，150°）视角的 2 个方向和 4 个方向投影的结果。用于 2 个方向投影重构的初始赋值是一个常数；将 2 个方向投影得到的结果作为 4 个方向投影的初始赋值。

两个投影对应的结果显示：3 种算法都定性地再现了图 4.4 中的温度场。然而，他们在数值上的差异仍然比较明显。重构场的噪声水平略高于投影数据。表 4.4 给出了 3 种不同误差的大小以及测试区域上误差百分比的分布情况，这 3 种算法在误差等级方面基本相同。虽然 AVMART2 的性能稍好一些,但是 AVMART1 的 CPU 耗时最少。需要注意的是,投影数据中的噪声(如 E_3)在重构过程中被放大(从 5% 放大到 6.4%),这与初始赋值中的噪声相反。在初始赋值中,迭代过程往往会减少收敛场中的误差。

表 4.4 投影数据中噪声为 5% 时,AVMART 不同算法对比分析
（两种投影方向重构）

量	AVMART1	AVMART2	AVMART3
$E_1/℃$	4.452	4.449	4.450
$E_2/℃$	1.08	1.08	1.08
$E_3/\%$	6.37	6.36	6.37
误差			
大于 95%	0.004	0.004	0.004
75%~95%	0.222	0.200	0.222
50%~75%	4.400	4.387	4.400
迭代次数	9	12	14
CPU 时间/s	30.5	40.9	47.8

表 4.5 显示为 4 个投影角度对应的重构结果。结果展示了重构数据中的误差水平以及这些误差在流体层中的分布。可以得出：4 个角度投影的 E_3 误差比 2 个角度投影的 E_3 误差大。误差分布表明这些误差都是局部的,即在较小的区域出现较大的误差。AVMART1 算法在性能上表现一般,其对应的误差和 CPU 耗时都极大地增加了。AVMART2 和 AVMART3 算法的性能优于 AVMART1。AVMART2 稍优于 AVMART3,虽然他们误差大小相等,但前者占用的 CPU 时间更少。综上,AVMART2 性能最优。

表 4.5 AVMART 算法比较结果（5% 噪声投影数据,4 个观测角）

量	AVMART1	AVMART2	AVMART3
$E_1/℃$	11.80	5.52	5.52
$E_2/℃$	1.78	1.36	1.36
$E_3/\%$	10.41	8.00	8.00

(续)

误差/%			
大于95%	0.004	0.007	0.007
75%~95%	0.029	0.349	0.346
50%~75%	0.276	5.186	5.177
迭代次数	190	53	53
CPU 时间/s	1767.7	502.3	520.8

接下来将 AVMART2 与 Subbarao 等[30] 提出的最佳原始 MART 算法（MART3）进行对比分析。为此，对从 0°和 90°两个投影角度得到水平方向差异受热的流体层中的对流投影数据进行了重构，得到了二维纵向环运动。投影数据添加5%的噪声，并使用恒定温度场的初始赋值。MART3 的误差被放大了 4 倍，而 AVMART2 的错误被放大了 1.6 倍。与 AVMART2 相比，MART3 的计算机时长也增加了 4 倍。然而，流体层上误差的百分比分布比较接近，从而证实了它们仍然属于同一个算法族。

从上面的讨论中可以得出以下推论：

（1）3 种 AVMART 算法在投影数据中夹杂噪声时性能比较接近。然而，AVMART2 在误差和 CPU 耗时方面表现更优；

（2）投影数据中的噪声在重构结果中仍然存在；

（3）增加含噪声投影的数目会增大重构的误差；

（4）AVMART2 在噪声投影数据方面明显优于 MART3。因此，它可作为与所研究问题相同类的首选层析成像算法。

4.6 外推法

层析重构要求每个方向上投影覆盖整个测试区域的最大宽度。但要在实际中满足这一要求是相当困难的，这是因为在实际系统中光束的大小基本远小于测试对象。晶体生长就是一个例子（见5.2节），含有水溶液的烧杯直径为 160mm，而光束本身直径为 40mm。受光学窗口直径的限制，投影数据不完整，如图 4.5 所示。

为了成功地将层析成像算法应用于三维重构，需要在每个视角下获得大于被测对象宽度的投影数据。在这方面，可以外推实验所得的部分投影数据，以推导出超出光束物理孔径的信息。外推的基本构思如图 4.6 所示，实线表示实验得到的光学图像数据，虚线表示超出窗口的外推结果。

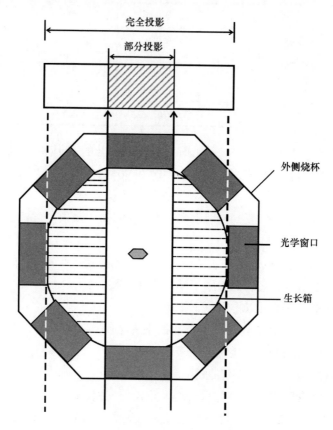

图 4.5　晶体生长背景下部分投影数据的定义（图 5.9）

外推方法顺利实现的一个前提是光束能够扫描到重要的物理过程或者对象，如晶体周围的对流（见 5.2 节）。测量区域之外的数据的重要性次之，但该区域的数据正如前面所讲的，可以通过外推法进行估算。为了更好施加曲线拟合，所研究的区域通常应该是连续的。如果该设备是烧杯，则更容易实施估算，因为光路（烧杯的弦长）越靠近烧杯边缘越短。因此，其在整个重构过程对外推步骤不敏感。

本次测试在参照晶体生长实验的基础上研究了水中盐浓度的分布特性。测试中，使用十阶多项式来外推观测区以外区域的浓度分布，计算从被光学窗口覆盖的区域开始。结果显示 5~10 阶多项式的效果几乎相同。计算时，需要限制远场中的盐浓度，并保持各处浓度分布中的斜率连续。对实验、数据分析和外推的准确性分析时必须考虑每个投影对应溶质质量是否守恒。实践发现在所有层析成像的测试实验中,质量误差都控制在 0.01% 内。上述方法首先在浮力驱动的对流仿真数据中进行了测试,下面对其进行详细讨论。

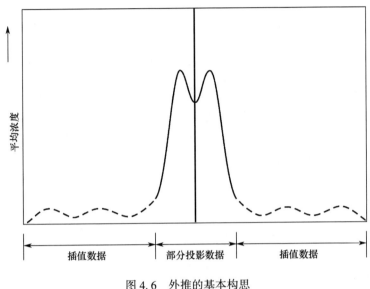

图 4.6　外推的基本构思

4.7　仿真数据重构过程的验证

首先根据数值模拟的数据对层析成像算法进行了验证,同时考虑了完整数据和只有部分数据的情况,后者采用外推法进行处理。生成模拟数据所考虑的物理问题是在上、下两层受热不同的圆形流体层中由浮力驱动的对流,给流体层加热的上、下壁面分别维持在各自设定的温度,侧壁绝热。测试的流体选择为空气,基于流体层高度的瑞利数设为 $Ra=12000$。通过数值求解精细网格上的流动和能量输运等控制方程,得到了流体层内的温度分布。温度场的设定为轴对称分布,因此流体层各个平面上的等温线应是圆形分布的。

通过数值方法设定好温度场后,可通过路径积分得到温度场的投影信息。利用层析成像算法反演投影数据,并显式计算误差。将数值模拟的径向数据离散并对应到矩形网格内。网格尺寸取决于用于误差分析的部分数据的比例。本节分别对完整的数据、60% 的数据和 30% 的数据进行了研究。

本节研究了 3 种网格上的误差情况，即 64×64、128×128 和 256×256。其中乘号前面数字代表投影角度的数量，后面的数字表示每个投影方向的光线总数。对应的误差定义如下：

$$E_1 = \max\left[\left(T_{\text{orig}} - T_{\text{recon}}\right)\right] \tag{4.12}$$

$$E_2 = \sqrt{\frac{1}{N}\sum\left[\left(T_{\text{orig}} - T_{\text{recon}}\right)\right]^2} \tag{4.13}$$

式中：T_{orig} 和 T_{recon} 分别为原始温度场和重构温度场；N 为重构平面上的网格点总数。通过模拟产生的所有温度都是无量纲的，并且分布在 0~1。

式（4.12）表示绝对最大温差，式（4.13）表示重构温度场的均方根误差。误差 E_1 和 E_2 之间的差异是因为：前者强调的是大的孤立误差；后者则揭示了适用于整个横截面的趋势。

Velarde 和 Normand[34] 深入研究了同心圆环凹腔之间轴对称对流的物理实现性（$Ra = 12000$），并讨论了凹腔温差的阶跃变化。图 4.7（a）显示了轴对称流体层中同心环的示意图，图 4.7（b）显示了数值生成的测试区域径向的等温线，图 4.7（c）显示实验结果也得到类似的分布趋势，当观察轴与滚转结构成直角时，在 $Ra = 5861$ 时可以看到同心环。图 4.8 显示了沿观察方向以等温线形式展示的数值生成的投影数据（数据以沿观察方向的路径积分温度场等值线的形式表示）。由于温度场是轴对称的，所有其他观测角得到的投影数据与图 4.8 相同。

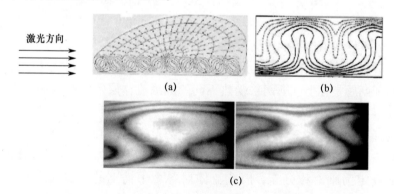

图 4.7　同心圆环凹腔之间轴对称对流的物理实现性
（a）轴对称流体层中同心环的可视化；（b）适用于（a）中所见环形模式的圆形流体层平面上的数值等温线；（c）圆形流体层中的对流干涉图，投影中形成 Ω 形状（观测方向沿（a）图中的激光方向）。

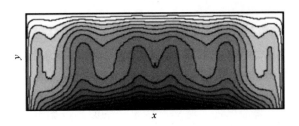

图4.8 差异受热圆形流体层的完整投影（以等温线形式表示）

图4.9显示了$y/H=0.65$时流体层水平面上的重构结果，其中H是流体层的高度，y代表垂直坐标。图中给出了流体层的温度场结果，包括完整的投影数据（100%）和部分数据（图4.9（b）中60%和图4.9（c）中30%），它们以各自中心呈对称分布。所有重构结果均呈现出温度分布的轴对称性，且结果均与图4.9（d）所示的实验结果一致。图4.9d可以看到，从上向下观察时，在圆形流体层的给定平面上存在同心环。以上结果证实了利用外推法从部分数据得到完整目标场近似的可行性。

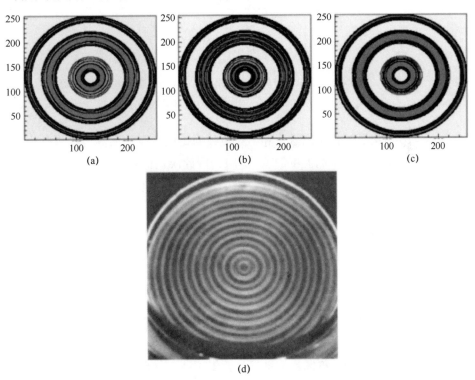

图4.9 在$y/H=0.65$处重构的温度等值线
（a）100%投影数据；（b）60%投影数据；（c）30%投影数据；（d）实验结果（下视图）。

图 4.10 显示了不同光线和不同观测角条件下沿空腔直径重构的温度分布的定量结果，其中包含全部和部分数据对应的结果。对于完整的数据，从 128×128 和 256×256 的网格尺寸可以看到原始轮廓和重构轮廓之间符合较好，而对于 64×64 的网格则出现了小的误差。重构结果与原始数据的偏差程度随着数据的不完整性增加而增加。对 30%的原始数据进行外推，并对外推数据进行重构，可以看到明显的误差。当不使用外推法而仅使用部分数据，重构的误差更明显。

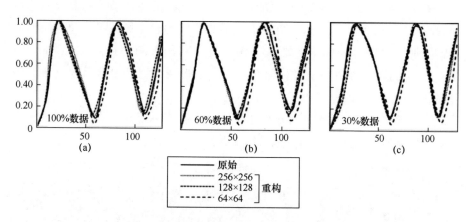

图 4.10 3 种不同光线和观测角组合的原始温度分布和重构温度分布比较
（100%和部分（60%、30%）投影数据）

表 4.6 给出了流体层离散化和不完整数据比例对应的离散函数的误差量值。由于最低温度和最高温度的差值为 1，因此误差百分比被记为 $100 \times E_1$ 和 $100 \times E_2$。在表 4.6 中，误差 E_1 始终高于 E_2，后者是整个测试区域的平均值。随着网格量（根据光线数量和观测角的数量）的增加，这两种误差都会减小。对于给定的网格尺寸，重构中使用的原始数据比例越小，误差越大。当仅使用 30%的原始数据（其余数据通过外推获得）时，64×64 网格上的最大误差为 17.3%（绝对最大值）和 7.6%（均方根值）。图 4.9 显示了对应的重构结果具有较好的定性意义，因此可以认为这些误差大小在容许范围内。

上述验证中考虑了轴对称温度场。从所有观测视角生成的投影与图 4.8 所示的投影相同。为了更普适地检验整个重构过程的可行性，将数值模拟的温度场乘以一个依赖于观测角的函数，产生了非对称的温度分布。该函数为 $1+\alpha \sin\theta$，其中 θ 表示视角，α 为常数。此时，投影数据受观测视角的影响。图 4.11 显示了两个 α 值（0.1 和 0.2）下，位于 $y/H = 0.65$ 的平面上重构温度场。与图4.9所示相比,从重构的温度分布可以看出流场轴对称性发生明显的变化。

表4.6 圆腔浮力驱动的对流原始温度场和重构温度场的误差
(E_1 和 E_2) 比较

数据类型	角度×光线	E_1	E_2
100%数据	256×256	0.052	0.028
	128×128	0.109	0.056
	64×64	0.124	0.058
60%数据	256×256	0.095	0.039
	128×128	0.148	0.061
	64×64	0.152	0.067
30%数据	256×256	0.122	0.051
	128×128	0.148	0.072
	64×64	0.173	0.076

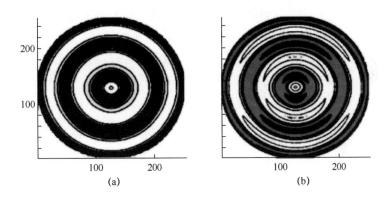

图4.11 重构的流体层温度等值线,对于 α 的两个值,流体层不是严格的轴对称
(a) $\alpha=0.1$; (b) $\alpha=0.2$。

4.7.1 ART与CBP应用于实验数据的对比

本节主要对KDP晶体生长过程中其附近对流运动进行了层析成像,选取观测角度为4个。在记录投影数据的过程中,晶体不会受到光线的干扰。

此外，还研究了较长生长时间条件下晶体周围流动的特性。考虑到转动烧杯和记录投影数据都需要消耗时间，因此实验都是在晶体周围的浓度场稳定的条件下开展的。晶体上方的羽流在极少情况下会出现轻微的不稳现象，对此选用纹影图像的时间平均序列进行分析。观测角的范围为 $0°\sim180°$，每隔 $45°$ 设置一个观测视角。

当自然结晶的 KDP 晶种置入其平均温度为 $35℃$ 的过饱和水溶液中时，晶体开始生长。之后，对水溶液进行缓慢降温，降温的速率控制在 $0.05℃/h$。晶种在 20min 后和溶液达到热平衡。随着时间的推移，溶液中的密度差异完全是由浓度差异决定。晶体附近的溶质沉积在晶体表面，溶液从过饱和状态变为饱和状态。当晶体尺寸较小时，从溶液中沉积到晶体上的溶质是通过浓度梯度作用实现的。只需维持溶液中的过饱和度在较低的水平或者提供较大尺寸的晶体尺寸，便可保持较长时间的扩散传输。晶体尺寸较大时，其附近溶液浓度会降低。在扩散作用下，烧杯中较浓的溶液流向晶体，取代较淡的溶液，形成循环的运动。液体运动的起始点由驱动浮力和黏性力的相对大小决定。流体运动产生的浮力羽流在溶质转运到晶体的过程中起着重要的作用，并决定了后期晶体的生长速率。可以根据纹影图中光线明暗来辨识羽流。

现在讨论基于 ART 和 CBP 的重构。通过转动晶体生长室同时保持晶体静止，记录 4 个方向的纹影图像。使用上面讨论的外推法得到生长区域的完整投影信息，其中线性插值用于生成欠缺的观测视角（在 $0°\sim180°$ 范围内）对应的数据。图 4.12 显示了使用 ART 和 CBP 沿穿过晶体附近的扇形区域重构的两个水平面（$y/H=0.05$ 和 $y/H=0.30$）的轮廓。两种重构方法整体匹

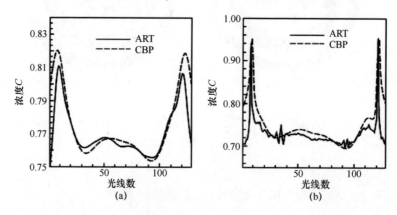

图 4.12 使用 ART 和 CBP 对晶体附近的扇形区域的浓度分布进行计算并比较其结果，测量区域为晶体上方的两个水平面（$y/H=0.05$ 和 $y/H=0.30$）

配性较好。然而由于计算规则的原因，ART 的计算时长要比 CBP 长得多。

4.8　射流相互干扰

本节介绍利用彩色纹影对混合射流的密度变化进行层析重构。所研究的两股射流均为氦气，外部环境为常规环境，两股射流喷嘴方向垂直向下。氦气会产生浮力效应（氦气的密度比空气的密度小）。表 4.7 给出了该流动的无量纲参数，即雷诺数和弗劳德数。在所研究的参数范围内，流动是稳定的，可以记录光学投影。彩色纹影以 90°的角度间隔采样，但是最终的观测角的间隔为 10°（线性插值得到）。再利用 CBP 算法对投影结果进行重构。

表 4.7　彩色纹影重构得到的氦-氧喷流对应的流动参数

图号		气体	雷诺数	弗劳德数
图 4.13	喷流 A	氦	47.43	4.88
	喷流 B	氦	47.43	4.88
	喷流 A	氦	111.23	11.39
	喷流 B	氦	31.61	3.25
	喷流 A	氦	111.23	11.39
	喷流 B	氦	47.43	4.88

图 4.13 显示了纹影图像及其对应的三维重构结果，表 4.7 为对应的流动状态。喷流的体式重构显示了喷流的整体结构、扩散和垂直方向的穿透深度。较强的浮力效应（用弗劳德数衡量）增加了横向扩散，减小了穿透深度。较大的射流动量和雷诺数会增加穿透深度，但射流容易出现不稳定的情况。当使用成对的射流时，它们各自的状态会导致密度分布朝着更复杂的模式发展。

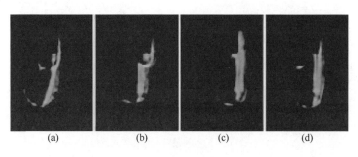

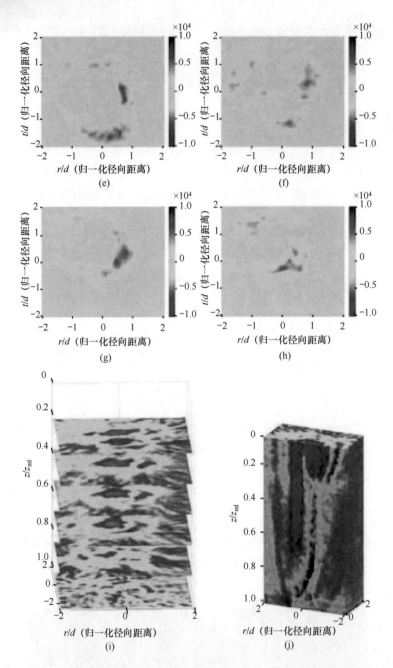

图 4.13 纹影图像及其对应的三维重构结果（(a)~(d) 彩色纹影图像对应观测角度；(e)~(h) 重构密度梯度信息 z/z_{ml}）（见彩图）

(a) 0°；(b) 90°；(c) 180°；(d) 270°；(e) 0.5；(f) 0.9；(g) 0.5；(h) 0.9；
(i) 三维切片的重构截面；(j) 体式重构。

4.9 非定常数据的处理方法

在对流实验中，通过转动喷流装置或成像探测器，可以记录不同视角的投影数据。测量过程需要消耗一定的时间，并且记录的投影数据在时间上很难同步。当感兴趣的区域随时间发生变化时，所有视角得到的投影数据都应在时间上相互关联（否则进行处理，使其关联），以便能顺利施加层析成像算法。记录这些投影数据需要多个光源-成像探测器组合。本征正交分解法（POD）可用于解决投影数据时间不同步的问题。虽然实验得到的投影数据不完全同步，但是 POD 内核只取决于所选取的排序模式。

本征正交分解，也称为 Karhunen-Loeve 分解，主要作用对象为实验获得的数据集（快照）[25]。该技术可以最优地提取模态形状或基函数，并提供一种有效的方法来捕获以有限数量模态表示的连续过程的主导成分。虽然该方法在图像处理和模式识别方面已很成熟，但在测量输运现象方面的应用却很有少见。Sirovich[25] 介绍了快照方法，它在确定大型问题的 POD 特征函数方面具有极高的效率。该方法已被广泛应用于流体的非定常计算中。Torniainen 等[33] 将 POD 作为全息干涉法成像的非定常反应流分析的基础。本节讨论了 POD 技术在 CBP 或任何迭代层析成像算法上的应用，研究了利用纹影系统成像时变密度梯度场的空间重构问题。

该方法的核心观点是：纹影得到的光学投影是沿观察方向的空间密度梯度的线性积分。在 POD 中，梯度场被分解为两个函数的乘积，这两个函数分别依赖于空间和时间。纹影获得的路径积分只是在空间上的积分。所以即便在不同的时刻记录投影，纹影法也默认时间依赖函数保持不变。因此，通过适当的正交分解，可以将测试区域的时间和空间分量解耦出来。POD 与层析成像技术的结合为利用非同步投影数据重构非定常场提供了一种新的思路。

POD 的基本过程可概括如下：一段时间内采集的图像集合可用符号为

$$\psi(x,t) \approx \sum_{k=1}^{N} u_k(t) v_k(x) \tag{4.14}$$

式中：$\psi(x,t)$ 表示以变量分离形式近似为有限和；N 越接近无穷大，近似值越精确。式（4.14）中，t 代表图像的时间序列；x 是一维或二维的像素位置坐标。

此处的图像定义是根据在时刻 t 记录的不同像素位置处的像素强度（亮度）值集合。ψ 在基函数方面的表达不是唯一的。$v_k(x)$ 是不唯一的，可根据需求选择相应的 $v_k(x)$。同时，不同的 $v_k(x)$ 对应的时间相关函数 $u_k(t)$ 不同。本征正交分解是通过寻找图像集合 $\psi(x,t)$ 的最合适的函数 $v_k(x)$ 来实现的。基函数可视为正交函数，因此对于给定的 k 值，系数函数 $u_k(t)$ 的确定将仅取决于 $v_k(x)$，而不取决于其他分量。正交性要求如下：

$$\int_x v_k(x) v_l(x) \, dx = 1, \quad k = l, \quad 0 \text{ 或其他} \tag{4.15}$$

则可以得到时间相关的部分：

$$u_k(t) = \int_x \psi(x,t) v_k(x) \, dx \tag{4.16}$$

对于给定的 k，系数函数 $u_k(t)$ 的确定只依赖于 $v_k(x)$，而不依赖于其他函数。在对函数 $v_k(x)$ 进行选择时，式（4.15）的正交性仅在 N 接近无穷大的极限时有效。当 N 有限，但足够大时，选择基函数 $v_k(x)$ 的方式是整个函数的近似值对于任何 N 值在最小二乘意义上是最优的。以上计算可以使用商业软件如 MATLAB 完成。有序正交函数 $v_k(x)$ 是 $\psi(x,t)$ 的正交模态。通过计算这些函数，式（4.14）即为图像数据 $\psi(x,t)$ 的适当正交分解。

可将层析成像和本征正交分解相结合的方法用于非定常浓度梯度场的三维重构。所涉及的主要步骤如下：

步骤 1 记录给定状态下的时间相关纹影图像；

步骤 2 改变观测角度，记录对应的纹影图像；

步骤 3 重复上述步骤，直到观测角涵盖 0°~180°。

步骤 1 是给定视角的投影数据的时间序列。实验数据包括所有视角的时间序列。在纹影成像中，光强度（特别是对比度）与密度梯度呈线性关系。因此，可以直接用光强度进行数值计算。重构是在测试区域内逐面进行的。沿纹影图像一行的光强值的时间序列的模构成了层析成像的数据集。

实验数据现按以下算法进行缩减。

步骤 1 从给定视角的图像数据开始。

步骤 2 从要重构的纹影图像中选择生长晶体上方的水平面。

步骤 3 对于选定的平面，构造 POD 数据矩阵。对于给定的时刻，将强度值表示为矩阵的某一列；其他时间瞬间类似的强度数据构成其余的列。

步骤 4 减去每列的平均值，对去除平均值的数据进行模态分析。

步骤 5 对于由此获得的矩形矩阵，确定 POD 基向量和相应的时间分量。

步骤 6 对所有视角重复步骤 1~步骤 5。考虑所有的时刻，得到每个投影的模态（0°~180°）。

步骤 7 使用层析成像算法（如 CBP，或迭代）将投影数据模式转换为晶体上方选定水平面上的浓度梯度模式。

步骤 8 重复步骤 7，获得尽可能多的模式。

步骤 9 使用步骤 5 中可用的时间分量确定重构的时间决定的浓度梯度场。

读者可以参考[29]里面结合计算和实验结果来验证 POD-层析成像算法。

参考文献

[1] Anderson AH, Kak AC (1984) Simultaneous algebraic reconstruction technique (SART): a superior implementation of the ART algorithm. Ultrason Imaging 6: 81-94.

[2] Bahl S, Liburdy JA (1991) Three dimensional image reconstruction using interferometric data from a limited field of view with noise. Appl Opt 30 (29): 4218-4226.

[3] Bahl S, Liburdy JA (1991) Measurement of local convective heat transfer coefficients using three-dimensional interferometry. Int J Heat Mass Transf 34: 949-960.

[4] Censor Y (1983) Finite series-expansion reconstruction methods. Proc IEEE 71 (3): 409-419.

[5] Faris GW, Byer RL (1988) Three dimensional beam deflection optical tomography of a supersonic jet. Appl Opt 27 (24): 5202-5212.

[6] Gilbert PFC (1972) Iterative methods for three-dimensional reconstruction of an object from its projections. J Theor Biol 36: 105-117.

[7] Gordon R, Bender R, Herman GT (1970) Algebraic reconstruction techniques (ART) for three-dimensional electron microscopy and X-ray photography. J Theor Biol 29: 471-481.

[8] Gordon R, Herman GT (1974) Three dimensional reconstructions from projections: a review of algorithms. Int Rev Crystallogr 38: 111-151.

[9] Gull SF, Newton TJ (1986) Maximum entropy tomography. Appl Opt 25:

156-160.

[10] Herman GT (1980) Image reconstruction from projections. Academic Press, New York.

[11] Kaczmarz MS (1937) Angenaherte auflosung von systemen linearer gleichungen. Bull Acad Polonaise Sci Lett Classe Sci Math Natur Serier A35: 355-357.

[12] Lanen TAWM (1990) Digital holographic interferometry in flow research. Opt Commn 79: 386-396.

[13] Liu TC, Merzkirch W, Oberste-Lehn K (1989) Optical tomography applied to speckle photographic measurement of asymmetric flows with variable density. Exp Fluids 7: 157-163.

[14] Mayinger F (eds) (1994) Optical measurements: techniques and applications. Springer, Berlin.

[15] Mewes D, Friedrich M, Haarde W, Ostendorf W (1990) Tomographic measurement techniques for process engineering studies. In: Cheremisinoff NP (ed) Handbook of heat and mass transfer, Chapter 24, vol 3.

[16] Michael YC, Yang KT (1992) Three-dimensional mach-zehnder interferometric tomography of the rayleigh-benard problem. J Heat Transf Trans ASME 114: 622-629.

[17] Mishra D, Muralidhar K, Munshi P (1998) Performance evaluation of fringe thinning algorithms for interferometric tomography. Opt Lasers Eng 30: 229-249.

[18] Mishra D, Muralidhar K, Munshi P (1999a) Interferometric study of rayleigh-benard convection using tomography with limited projection data. Exp Heat Transf 12 (2): 117-136.

[19] Mishra D, Muralidhar K, Munshi P (1999c) A robust MART algorithm for tomographic applications. Numer Heat Transf B Fundam. 35 (4): 485-506.

[20] Mishra D, Muralidhar K, Munshi P (1999d) Interferometric study of rayleigh-benard convection at intermediate rayleigh numbers. Fluid Dynamics Res 25 (5): 231-255.

[21] Mukutmoni D, Yang KT (1995) Pattern selection for rayleigh-benard con-

vection in intermediate aspect ratio boxes. Numer Heat Transf Part A 27: 621-637.

[22] Munshi P (1997) Application of computerized tomography for measurements in heat and mass transfer, proceedings of the 3rd ISHMT-ASME heat and mass transfer conference held at IIT Kanpur (India) during 29-31 December 1997. Narosa Publishers, New Delhi.

[23] Natterer F (1986) The mathematics of computerized tomography. Wiley, New York.

[24] Ostendorf W, Mayinger F, Mewes D 1986 A tomographical method using holographic interferometry for the registration of three dimenisonal unsteady temperature profiles in laminar and turbulent flow, proceedings of the 8th international heat transfer conference, San Francisco, USA, pp 519-523.

[25] Sirovich L (1989) Chaotic dynamics of coherent structures. Physica D 37: 126-145.

[26] Snyder R, Hesselink L (1985) High speed optical tomography forflow visualization. Appl Opt 24: 23.

[27] Snyder R (1988) Instantaneous three dimensional optical tomographic measurements of species concentration in a co-flowing jet, Report No. SUDAAR 567, Stanford University, USA.

[28] Soller C, Wenskus R, Middendorf P, Meier GEA, Obermeier F (1994) Interferometric tomography forflow visualization of density fields in supersonic jets and convective flow. Appl Opt 33 (14): 2921-2932.

[29] Srivastava A, Singh D, Muralidhar K (2009) Reconstruction of time-dependent concentration gradients around a KDP crystal growing from its aqueous solution. J Crystal Growth 311: 1166- 1177.

[30] Subbarao PMV, Munshi P, Muralidhar K (1997) Performance evaluation of iterative tomographic algorithms applied to reconstruction of a three dimensional temperature field. Numer Heat Transf B Fundam 31 (3): 347-372.

[31] Tanabe K (1971) Projection method for solving a singular system. Numer Math 17: 302-214.

[32] Tolpadi AK, Kuehn TH (1991) Measurement of three-dimensional temperaturefields in conjugate conduction-convection problems using multidimension-

al interferometry. Int J Heat Mass Transfer 34（7）：1733-1745．

[33] Torniainen ED, Hinz A, Gouldin FC（1998）Tomographic analysis of unsteady. Reacting Flows AIAA J 36：1270-1278.

[34] Velarde MG, Normand C（1980）Convection. Sci American 243（1）：79-94.

[35] Verhoeven D（1993）Multiplicative algebraic computed tomography algorithms for the reconstruction of multidirectional interferometric data. Opt Eng 32：410-419.

[36] Watt DW, Vest CM（1990）Turbulent flow visualization by interferometric integral imaging and computed tomography. Exp Fluids 8：301-311.

第5章 有效性研究

关键词：马赫-曾德尔干涉；热线风速仪；圆柱尾迹；晶体生长；浮力射流

5.1 引　　言

光学成像是流动可视化的有力工具。使用该技术进行定量热测量时，必须对该过程进行仔细地基准标定以及确认。这些比较的对象可以包括独立测量以及公开发表的数据。除此之外，成像应该进行一定程度上的内部一致性检查，包括考察各种尺度上质量和能量的平衡。当被测对象为非定常场时，不同来源的瞬态数据是难以比较的。这时，这些比较应根据时间相关的流动特性的统计信息来进行。本章中，针对不同流动构型的定量特性，对纹影和阴影技术进行了评估。对照实验是使用马赫-曾德尔干涉仪和热线风速仪分别获得的独立的实验数据。另外，本章还与公开发表的数据进行了比较。进行比较的流动构型如下：

（1）差异受热流层中的对流；
（2）晶体生长过程中的对流现象；
（3）双层对流；
（4）浮力射流；
（5）受热圆柱尾迹。

5.2　差异受热流层中的对流

如图5.1所示，实验建立了用于研究水平放置的流体层中，浮力驱动的流动行为的装置。此装置的腔体的长度为447mm，截面是边长为32mm的正方形。实验腔由3部分组成，即顶板、封闭在腔内的流体层，以及底板。空腔的顶部和底部板子都由3mm厚的铝板制成。板子平整度的制造公差设计在±0.1mm以内，设备加工后得到的误差会进一步减小。实验装置的中心部分是包含流体介质的实验段。空腔的侧壁由10mm厚的有机玻璃制成，并且，在有机玻璃外覆盖胶木衬垫，以使实验段与大气隔绝。试验腔高度为32mm，经过测量，均匀度误差在±0.1mm以内。在激光束的传播方向上安装了光学窗口。该窗口与空腔最长维度方向平行，用于以二维图像形式来记录对流场的投影。该装置被封闭在一个较大的绝热腔中，以尽量减少外部温度变化的影响。实验期间，室温在10~12h以内保持不变，波动小于0.5℃。空气中的温度场经过5~6h即可稳定；在水中，经过1~2h可以实现动态稳定。实验中，通过大量恒温水循环流动的方法，以使表面温度保持一致。在空腔位置，浴槽的温度控制额定±0.1℃，使用多通道温度纪录仪进行直接测量，温度的空间变化小于±0.2℃。对于上板，罐状结构能够使水和铝板之间有更大的接触面积。同时，实验装置通过特殊的设计来保持水和下表面的良好接触。装置引入了铝制导流板，使流动路径长度增加，通过有效增加截面接触面积来实现了良好换热的目的。光束沿着空腔长边的方向投过，在两端分别用光学窗口对空腔进行封闭。

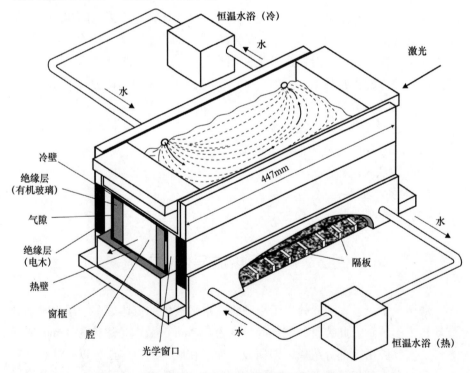

图5.1 研究矩形空腔中瑞利-贝纳德对流的实验装置

垂直方向上的温差会导致流体介质中密度梯度不稳定，因此在空腔中设计了浮力驱动的对流装置。实验通过记录瞬态和稳态热行为，测出分层流体层的温度分布和壁面热通量，并将得到的数据与现有文献进行了对比。

5.2.1 努塞尔数的计算

空腔加热壁和冷却壁的热导率用努塞尔数来表示，定义如下：

$$Nu = -\frac{H}{T_{\text{hot}} - T_{\text{cold}}} \frac{\partial T}{\partial y}\bigg|_{y=0,\,H} \quad (5.1)$$

式中：H 为流体层的高度；y 为垂直方向的坐标。

平均努塞尔数是通过式（5.1）在空腔宽度上的积分得到的。式（5.1）中的温度是在激光束观察方向下得出的平均值，所以当地努塞尔数也应该以类似的方式来解释。每个水平面的平均努塞尔数与 Gebhart 等发表的实验相关性进行了比较。空气中，这种相关性为

$$Nu(\text{空气}) = 1 + 1.44\left[1 - \frac{1708}{Ra}\right] + \left[\left(\frac{Ra}{5830}\right)^{\frac{1}{3}} - 1\right], \quad Ra < 10^6 \quad (5.2)$$

令 ν 和 α 分别表示运动黏度和热扩散率，瑞利数定义为

$$Ra = \frac{g\beta(T_{\text{hot}} - T_{\text{cold}})H^3}{\nu\alpha} \quad (5.3)$$

5.2.2 干涉测量、纹影与阴影

这里，对干涉、纹影和阴影图像进行直接比较。实验中，整个空腔温差为 10K，空腔中的流体介质为空气，对应计算出的瑞利数为 6×10^4。将几组实验图像放在图 5.2（b）中进行比较。干涉条纹的相对间距反映干涉测量中的温度分布。对于纹影和阴影，这些信息以图像的相对灰度变化来呈现，反算出的热属性反映的分别是当地温度的一次微分和温度的拉普拉斯微分。将空腔中间平面的数据提取出来，绘制在图 5.2 的（a）中。每个单独的数据点都处于空腔的中间平面，实线表示了整体趋势。图（a）中，纹影图中的实心圆表示根据干涉测量计算出的梯度，阴影图中的实心圆表示根据纹影数据得到的梯度。总的来说，图 5.2（a）中，不同实验技术得到的实验结果吻合较好，证实了纹影是干涉场的导数，而一阶近似下，阴影图在是纹影的导数。在水平壁面附近出现了密集条纹，表明这些位置存在高的温度梯

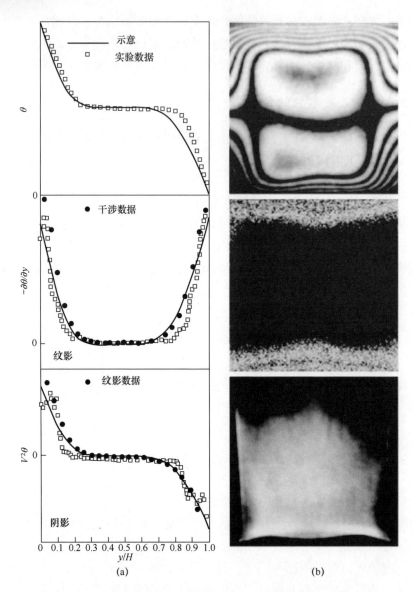

图 5.2 通过三种光学技术反算出的数据（a）及相对应的实验图像（b）
（(a) 中的实线表示图像在垂直方向物理量的变化趋势，(b) 中 $Ra = 6 \times 10^4$）

度。从纹影图像以及数据点中同样能够观察到该现象。中心区域几乎是一个恒温的区域，这里的温度梯度接近于零。因此，纹影图像与干涉图之间有很好的相关性。应该认识到，这两种方法都属于光线重新分布在图像上，而阴影图也与该原理相关。在阴影图像中，光线从靠近冷的顶壁区域向热的底壁方向偏折,在那里光强显示最大值。因此,阴影图中,大的温度梯度由非常低和非常高的光强表示。在中心核心区域,光强相对于初始设置的幅值差异小,因此,这个区域的拉普拉斯温度实际上等于零。在阴影图中,扭曲空腔横截面形状的热透镜效应最为明显。

5.2.3 彩虹纹影技术

为了验证第 3 章的彩虹(彩色)纹影技术,再次考虑充气矩形空腔内的浮力驱动对流。使用有规律的时间间隔记录流场的瞬态发展,直到达到实际上的稳态。图 5.3 以彩色图像的形式显示了空气中流场的瞬态变化。

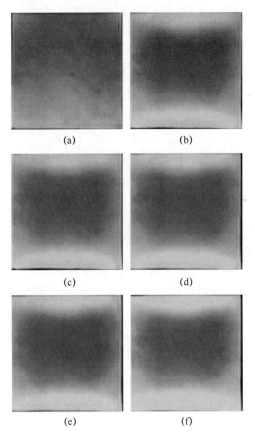

图 5.3 充气矩形空腔中对流流场的发展($\Delta T = 10\text{K}$, $Ra = 3.2 \times 10^4$)(见彩图)

最初,空腔中不存在温度梯度,光束聚集在滤光片的橙色区域。图 5.3 (a)显示了实验的基础图像。通过在各自水箱中循环冷水和热水,在空腔的上下表面形成了10K（$Ra=3.2\times10^4$）的温差。横跨空腔的温差引起流体介质的密度梯度不稳定。因此，会在空腔内形成对流。在这个阶段，由于光线偏离了原始路径，并落在新的颜色范围内，如图5.3（b）和图5.3（c）所示。随着时间的推移，这种对流行为接近稳态。对于本实验，稳态状态会在3h内达到。

图5.3（d）显示了通过彩色纹影技术记录得到的稳态模式。与我们所预料的一致，在加热和冷却的壁面附近颜色变化很明显。在水平壁面附近发生了快速的颜色变化，而在中心区域附近，颜色均匀单一并且接近于基础图像。这是在矩形空腔中形成的腔室内对流的特征。侧壁是绝热的，可以看到流体内部的温度梯度，但是壁面本身的梯度是零。对流行为几乎是关于空腔的中心线对称的，并且通过彩色纹影能够观察到。

在彩色纹影的数据分析过程中，通过色调分布将信息提取出来。图5.4（a）显示了$x/H=1/4$、$1/2$和$3/4$位置处，色调相对于无量纲垂直坐标的变化。由图可知，色调在壁面附近变化很大，但是在$0.2<y/H<0.8$范围内几乎不变。

图5.4（b）显示了相对于垂直坐标（y/H）的光束偏折角α。由图5.4（b）所示，在空腔的中心区域，光的偏折角很小；而在壁面附近，光线的偏折程度很高。换句话讲，折射率在壁面附近变化很高，而在空腔中心部分变化小。由光线偏折反算得到热特性为温度的一阶导数。图5.4（c）显示了不同的x位置上的温度梯度相对于y坐标的变化。中心区域温度基本恒定，而温度梯度接近于零。图5.4（d）显示了通过横跨空腔的梯度估算得到的温度分布。一条曲线使用了从顶壁的边界条件开始积分，另一条曲线从低温壁面的边界开始积分。两条曲线符合良好。图中数据点取自于空腔的中间平面。

将3个位置（$x/h=1/4$、$1/2$和$3/4$）的无量纲温度曲线表示在图5.4（e）中。在这3个位置观察曲线的形状并得到浮力驱动对流的特征。可以通过单个曲线在靠近壁面处的斜率来度量壁面热通量。图5.4（f）以顶部和下部壁面（$y/H=0$和1）的当地努塞尔数分布来表明无量纲壁面的热通量。由于边界层的形成，中心附近的努塞尔数升高；而滞止区域的形成造成了靠近拐角处努塞尔数的减小。

图5.5展示了充气矩形腔内的瑞利-贝纳尔对流的干涉图、单色纹影图以及彩色纹影图，空腔的温度差异是10K，对应的$Ra=3.2\times10^4$。干涉图直

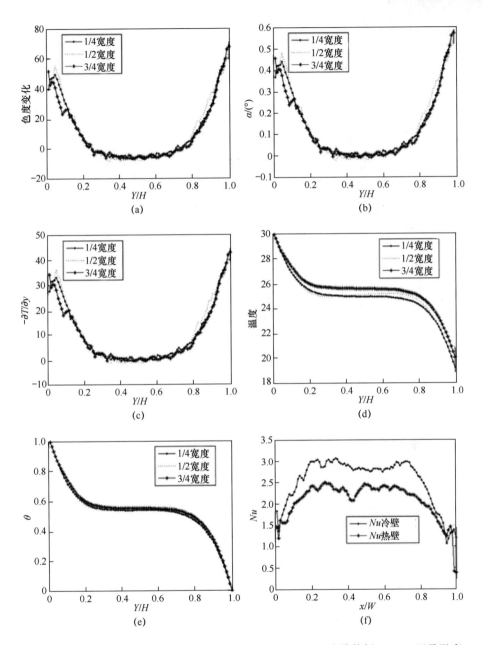

图 5.4　各分图分别为在无量纲垂直坐标方向，色调（a）、光线偏折 α（b）以及温度梯度（c）的变化，图（d）为将顶壁和底壁处的温度作为独立边界条件估算出的温度分布。图（e）为空腔内不同纵坐标处的无量纲温度分布。图（f）为当 $\Delta T = 10K$，$Ra = 32000$ 时，矩形空腔热壁和冷壁处的当地努塞尔数分布

接给出了流体介质中的温度场,而纹影图像提供了温度梯度。使用马赫-曾德尔干涉、单色纹影和彩色纹影,对空腔中当地稳态无量纲温度分布进行了比较,结果展示在图 5.6 中。不同实验技术之间的结果相符较好。

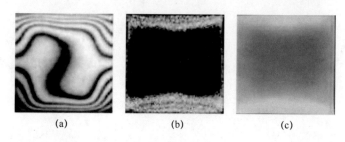

图 5.5　充气空腔中稳态对流行为的马赫-曾德尔干涉图像(a),单色纹影图像(b),以及彩色纹影图像($\Delta T = 10\text{K}$,$Ra = 3.2 \times 10^4$)(c)(见彩图)

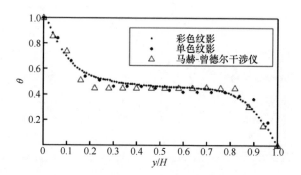

图 5.6　彩色纹影、马赫-曾德尔干涉技术,以及单色纹影技术所得到的温度分布的比较

将每个表面的平均努塞尔数与 Gebhart 等得到的实验相关性结果[2]进行比较。使用式(5.1),从彩色纹影图像中计算壁面平均努塞尔数,得到在冷壁面的努塞尔数为 3.14,而热壁面为 3.24。根据相关性公式(式(5.2))来计算努塞尔数为 3.13(不确定度为 20%)。不确定度大是由于对流行为是三维的,而热传递取决于空腔的长宽比。

图 5.7 中为彩色纹影图像,描述了温差为 15K 的充气矩形空腔中对流的发展。这些图像与 $\Delta T = 10\text{K}$ 时的实验结果非常相似。图 5.7(a)显示了基础图像,图 5.7(b)显示了稳态的对流现象(6h 后达到稳态)。可以预料,在温差 15K 的实验中,温度梯度更高,因此颜色的范围也更广。这种趋势可以通过与 10K 的稳态图像进行对比得到验证,即将图 5.3(f)与图 5.7(b)

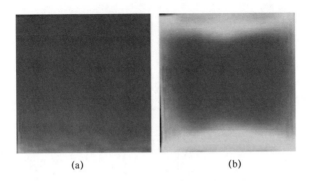

图 5.7 彩色纹影 $\Delta T=15\text{K}$,$Ra=4.8\times10^4$ 时充气矩形空腔中浮力驱动
对流流场的发展（见彩图）

(a) 基础图像；(b) 长时间后的对流现象。

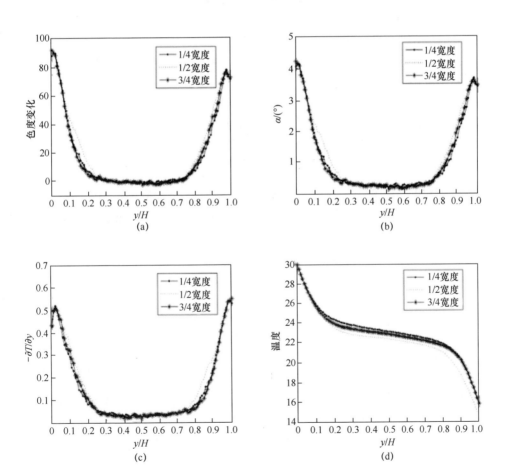

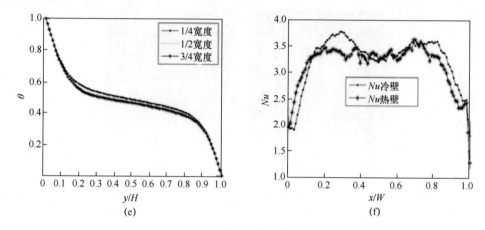

图 5.8 各图分别为色相（a）、光线偏折角（φ）（b），以及温度梯度（c）相对于无量纲垂直坐标的变化，图（d）为使用顶壁和底壁的温度作为独立边界条件估算出的温度分布，图（e）为空腔中不同纵坐标处的无量纲温度分布，图（f）为 $\Delta T = 15K$，$Ra = 4.8 \times 10^4$ 时矩形空腔热壁和冷壁处的当地努塞尔数分布

（空腔温差 15K）对比。图 5.8（a）显示了无量纲垂直坐标 $x/h = 1/4$，$1/2$ 和 $3/4$ 的色度变化。图 5.8（b）显示了相对于垂直坐标（y/H）的光束偏折 α。与 10K 时的结果类似，光束偏折程度在壁面附近较高，在中心线很低。图 5.8（c）显示了在不同的 x 位置，随 y 坐标变化的温度梯度变化。中心区域是一个几乎恒温的区域，梯度接近零。图 5.8（d）显示了横跨空腔的温度分布，空腔的一个边界条件是顶壁，另一个是底壁。各分量在近壁面区域符合很好，但在腔体的中心部分存在较小的偏差。图 5.8（e）显示了 3 个位置处（$x/h = 1/4$，$1/2$，$3/4$）的无量纲温度分布。该剖面的形状符合浮力驱动对流的特征。

图 5.8（f）显示了上壁（$y/H = 1$）和下壁（$y/H = 0$）处的当地努塞尔数分布。在冷壁处的努塞尔数峰值比热壁处的稍微大一些，但总体变化非常相似。在稳态条件下，平均壁面热通量无论基于热流还是冷壁的计算，都是一个常数，并且等于空腔中横跨任意水平面的能量。从图 5.8（f）中，根据彩色纹影图像计算得到了壁面平均努塞尔数，在冷壁处为 3.38，热壁处为 3.72。通过相关性（式（5.2））得到的努塞尔数为 3.41（±20%）。这 3 个值相互之间非常接近。差异主要来自于固有的流动不稳定性以及小角度偏折假设。

5.3 晶体生长过程中的对流现象

关于水溶液中生长的晶体周围对流现象的成像，有关介绍见文献 [6-7]。本节对磷酸二氢钾（KDP）水溶液中晶体的生长进行了研究，将生长的晶体周围对流的彩色和单色纹影图像进行了比较。如图 5.9 所示的晶体生长室用于 KDP 晶体的生长。该生长室由两部分构成：内部晶体生长室和包含恒温水流的外部水箱。内室是一个玻璃烧杯，外室是由有机玻璃制成的。在烧杯壁相对的两侧，安装了两个圆形的光学窗口（BK-7 玻璃，直径 60mm）来对晶体生长过程进行光学观测。内烧杯中注满 KDP 的过饱和水溶液，将晶种引入生长室。对于在特定温度下过饱和溶液的制备，要溶解的溶质的量由文献中的溶解度曲线确定。过饱和溶液在 37℃ 的温度下制备。

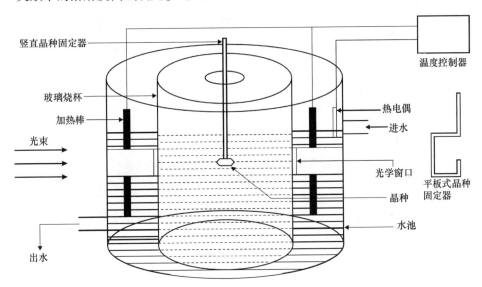

图 5.9　KDP 晶体生长室以及悬挂籽晶原理图，也展示了一种晶种架的构造

5.3.1 对流现象

水溶液中 KDP 晶体生长过程依赖于过饱和盐溶液中过量的盐在晶体表面的沉积。沉积速率取决于晶体的大小、初始盐浓度以及晶体冷却速率。晶体生长几毫米需要几天的时间周期。盐沉积在晶体表面的质量流率取决于溶液中密度（即浓度）差异引起的对流现象。本质上，正是对流将新鲜的溶液

带到了晶种的周围。

KDP 晶体生长过程中出现的对流现象的时间序列如图 5.10 所示。流体对流与这样一个事实相关，晶体附近区域溶液中充满被耗尽的盐，该部分比介质的其他部分轻。在图 5.10 中，晶种架是玻璃棒，保持垂直，呈现黑色，在晶种架的下端是正在生长中的晶体。盐在晶种表面的沉积导致晶体表面附近溶液浓度的变化。材料密度（以及折射率）的变化使得光束发生偏折，并在穿过滤光片时获得颜色的重新分布。

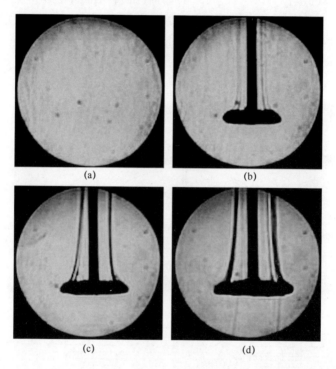

图 5.10　KDP 晶体生长过程中，对流流场发展过程的彩虹纹影图像（见彩图）
（a）基础图像；（b）$t=1h$；（c）$t=15h$；（d）$t=20h$。

图 5.10 中的纹影图像显示，在晶体生长的早期阶段，晶体较小，颜色对比度较低。这是由于色阶随着浓度梯度而改变（见第 3 章），进而可知在实验的初始阶段密度梯度较小。随着时间的推移，溶质从溶液中沉积出来，导致了晶体尺寸增加。由于晶体尺寸增加，羽流强度也增大。与初始阶段相比，羽流的宽度也增加。随着晶体尺寸的增长，对流加剧，生长率也加快。该过程能够一直持续到晶体周围没有过量的盐。在实验过程中，图 5.10 表明羽流在短时间尺度上是准定常的，但在较长的时间维度上，羽流对不同的

晶体尺寸和溶液的过饱和程度有响应。羽流是对称的,并且从晶体边缘产生,该处的浓度梯度可能是最大的。羽流外的颜色变化很小,因此可以得到结论,溶液中大部分区域的盐浓度梯度很小。

彩色纹影技术对晶体生长过程中出现的非理想因素显得非常敏感。例如,图5.10(d)显示,在晶体下方出现了两个羽流,与生长室底部非理想的成核因素有关。图5.11显示了晶种架上呈现平台布置的晶种生长实验的图像。该实验中,晶种被放置在支撑于平台上的杆上。晶体上方的对流羽流再次出现。在晶体上方,高浓度的溶液逐渐下移,代替低密度的溶液。由于晶体是在固定体积的溶液中生长的,生长室中的盐会耗尽,形成密度分层。在40h后,在晶体下方能够观察到明显的密度分层。其特点是该溶液分层是一个重力稳定的构造。密度反转将会抑制对流,这会使晶体的进一步生长几乎不可见。

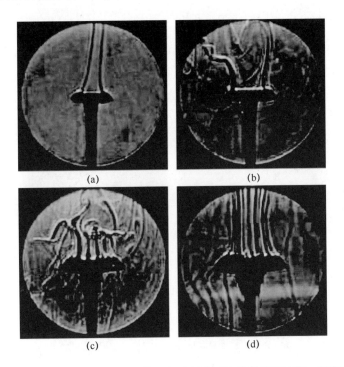

图5.11 在平台上放置的KDP晶体生长过程中对流流场发展过程,观察到晶体
尺寸的逐渐增加(见彩图)
(a) 15min以后;(b) $t=1h$;(c) $t=30h$;(d) $t=40h$。

在我们讨论的实验中,有趣的是看到了两个分层:一个位于晶体下方;另一个在晶体上方并且看起来是一条微弱的靛蓝带。为了确保将两个分层区域记录下来，通过移动滤光片来记录图像。图 5.12 显示了使用滤光片 3 个不同的颜色区域来记录 40h 后分层现象的图像。图 5.12（a）和图 5.12（b）能够清晰地观察到两个带，而图 5.12（c）不能显示分层带。从这方面来讲，不同颜色的滤光片能够为浓度场的选择性成像提供额外的自由度。

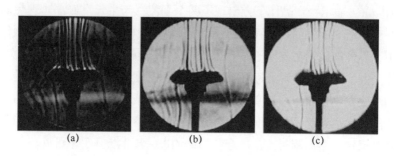

图 5.12　将溶液中的分层在滤光片 3 个不同颜色位置进行显示（见彩图）

将 KDP 晶体生长过程的彩色纹影图像（图 5.13（d））与马赫-曾德尔干涉图像（图 5.13（a））、单色纹影图像（图 5.13（b）），以及阴影图像（图 5.13（c））进行对比。干涉图像记录在设置好的楔形条纹中。

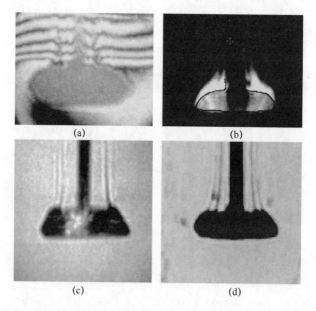

图 5.13　使用马赫-曾德尔干涉图像（a），单色纹影图像（b），阴影图像（c），以及彩色纹影图像（d）记录 KDP 晶体生长过程的流场

根据干涉图像中的条纹位移以及纹影和阴影图像的光强对比，可以得到晶种周围溶液浓度的突变。浓度边界层产生折射率的阶跃，这会将光束偏折至盐浓度相对较高的区域。单色纹影图像比阴影图像有更好的对比度。

在两个独立实验中得到特定时刻的彩色纹影和单色纹影图像，并对两种手段得到的密度剖面进行了对比，如图 5.14 所示。统计时使用溶液的总体值对浓度进行了归一化。浓度值"0"代表饱和状态，"1"代表在生长室温度情况下溶液的过饱和状态。使用两种技术记录得到的浓度分布非常相近。差异可归因于冷却速率、晶体尺寸，以及经历时间的微小差异。不管怎样，纹影技术的定量用途被清晰地展现出来了。

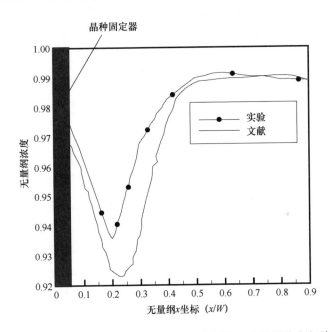

图 5.14 从 KDP 晶体生长的彩色纹影实验结果中得到归一化浓度分布与单色纹影结果对比，数据由图 5.13 的图像得出，对比的文献为第 2 章的参考文献 [9]

5.4 定常双层对流

本节描述了定常双层对流实验，关于该主题的介绍参见文献 [3]。研究对象是处于八边形空腔中的空气与硅油的混合流体介质。空腔近似于一个轴对称几何体的形状。本实验研究了硅油高度分别为 30%、50%以及 70%空腔高度时的流动。同时对空腔施加0.4K、2.4K、5K的温度差异。仪器的详细描述以及所设定参数的完整范围由文献［5］提供。在本研究中，将由能量平衡方法获得的界面温度缩写为界面估计温度。瑞利数基于相对于壁面的界面温度。

胞元图案的平面形状很大程度上由设备的形状决定。在轴对称空腔中，筒形结构会形成同心环。干涉条纹场会形成几个筒状的叠加。条纹是深度方向平均温度的云图，以对称模式（Ω模式）排列。完整的热场是几个这样ω和反Ω模式的集合，他们之间相互连接。空气和硅油中，每个条纹位移对应的温降（ΔT_e）分别为5.65K和0.012K。因此，在我们所考虑的温差范围内，空气中不能观察到条纹，而在硅油中会获得很密的条纹。

对于0.4K和2.8K的总温差，实验数据以干涉图的形式给出。对于ΔT=5K，油的折射误差会很大，进行干涉分析更是不可能。因此对于这个实验，只评估了阴影的结果。5.5节将会讨论使用这两种成像技术的数据压缩。

5.4.1 硅油的温度变化

实验中，热壁和冷壁的温度分别为29.4℃和29.0℃。油层的高度为2.5cm，是空腔高度（5cm）的一半。根据条纹计数，得到界面处的温度为29.3℃。由文献［5］中的能量平衡法得到的温度为29.33℃。基于界面温度计算瑞利数，得到在空气中的瑞利数为607，在硅油中的瑞利数为2072。因此，可以预期，硅油中为弱稳定的轴对称对流，而空气中为热传导状态。图5.15显示了从两个视角（0°和90°）记录得到的油中的干涉图像。条纹图像表明热场是轴对称的。由图5.16可知，在0°和90°视场方向的平均温度分布线非常接近，这也是可以理解的。

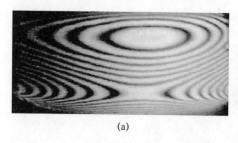
(a)

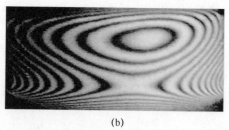
(b)

图5.15 腔体中填充50%硅油时，从0°（a）和90°（b）视角观察到的干涉图像（ΔT=0.4K）

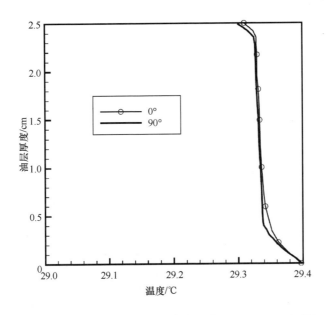

图 5.16　对于图 5.15 两个投影角度下的，$\Delta T = 0.4$K 时硅油
在视线方向的平均温度剖面

图 5.17 显示了腔室两侧温差为 2.4℃时的干涉图。热壁温度仍为 29.4℃，冷壁温度变为了 27.0℃。实验测得以及估计得到的界面温度分别为 29.2℃ 和 29.11℃。根据水中与油中的温度差异，得到了水中和油中的瑞利数分别是 2968 和 8881。图 5.17 两个视角显示了热场的近轴对称性。两个投影视角下油中垂直方向的温度剖面如图 5.18 所示。

(a)　　　　　　　　　　　　　　(b)

图 5.17　腔体中填充 50%硅油时，从 0°（a）和 90°（b）观察到的
干涉图像（$\Delta T = 2.4$K）

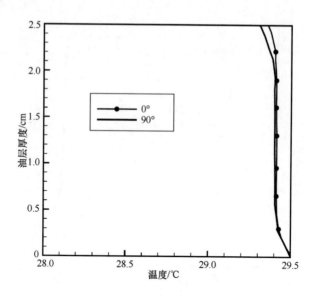

图 5.18 对于图 5.17 两个投影角度下的，$\Delta T = 2.4\text{K}$ 时硅油在视线方向的平均温度剖面

5.4.2 阴影图像分析

光强对比度，即相对于原始光强的变化，与温度场的拉普拉斯算子有关。假设温度仅在垂直方向变化，我们就可以得到阴影图像中，每个像素沿着垂直方向的温度的二阶梯度 $d^2 T/dy^2$。可以将温度的差分方程连同两个边界条件一起求解。较低的壁面温度是从实验条件下得到的，但界面的显式信息不是先验的。作为第一种方法，能量平衡方程可用来估计平均界面温度。因此，我们有以下第一类边界条件

$$\text{lower wall } T = T_{\text{hot}}$$
$$\text{interface } T = T_{\text{interface}} \tag{5.4}$$

式中，硅油中的界面热通量是使用包含空气的空腔部分的努塞尔数相关性来确定的。

因此，在界面处有

$$-k_{\text{oil}} \left.\frac{\partial T}{\partial y}\right|_{\text{interface}} = h_{\text{air}}(T_{\text{interface}} - T_{\text{cold}}) \tag{5.5}$$

传热系数 h_{air} 从单一介质流体相关性（如式（5.2））得到。因此，两个边界条件可以表示为

$$\begin{cases} \text{lower wall } T = T_{\text{hot}} \\ \text{interface} \dfrac{\partial T}{\partial y}\bigg|_{\text{interface}} = 给定值 \end{cases} \quad (5.6)$$

或者,根据硅油中单一流体相关性,能够确定下表面的平均热通量。因此,第三组边界条件为

$$\begin{cases} \text{lower wall } T = T_{\text{hot}} \\ \text{lower wall } \dfrac{\partial T}{\partial y}\bigg|_{y=0} = 给定值 \end{cases} \quad (5.7)$$

在接下来的讨论中,式(5.4)、式(5.6)以及式(5.7)分别被标记为阴影1、阴影2,以及阴影3。在本实验中,通过遮挡参考光束,阴影图像被记录在干涉图像本身。在表5.1中,给出了两种光学技术对温度和界面热通量预测的比较。将空腔两侧温度差异为2.4K的阴影图像分析结果与干涉图像结果进行了比较,如图5.19所示。实验考虑了3种硅油高度。使用阴影1(见式(5.4))得到的图像分析结果与干涉图像匹配程度最佳。干涉测量与阴影图像在下壁面处完全匹配,在分析中,此处壁面温度是给定了的。式(5.4)预测的界面温度与干涉测量温度相近,验证了阴影图分析过程的可靠性。式(5.4)大体上的成功也是在预料之中的,因为干涉图像确实显示界面处温度接近等值分布。

表5.1 $\Delta T = 2.4\text{K}$,空腔中填充50%硅油时,气-油界面上温度和热流的比较

界面上	干涉图	阴影1	阴影2	阴影3	基于能量平衡法
温度/℃	29.20	29.11	29.13	28.88	29.11
热流/(W/m^2)	30.80	15.87	20.93	32.39	20.93

然而,两种方法得到的结果在温度梯度方面存在差异,特别是在靠近壁面和界面处。在该处,由于折射误差和精确定位自由表面边界的困难,导致干涉测量法可能不准确。当硅油填充30%时,阴影2(见式(5.6))预测的结果与干涉测量得到的结果相近。在其他的硅油高度时,差异急剧增加。由阴影3(见式(5.7))给出的边界条件与干涉测量法结果有最大的差异,包括温度梯度和温度两方面。这是在预料之中的,因为两个边界条件都被应用于同一位置,该式是数值不适定的。基于以上讨论,使用一维拉普拉斯方程和由式(5.4)给出的边界条件对阴影图像进行估算。

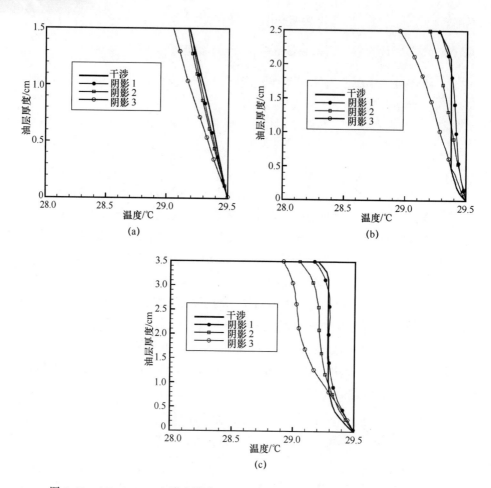

图 5.19 $\Delta T = 2.4K$,空腔中填充 30%(a)、50%(b)和 70%(c)硅油时,使用干涉和阴影分析得到的温度剖面的比较

图 5.20 为腔室中填充 50%硅油时,不同视角得到的干涉图像。

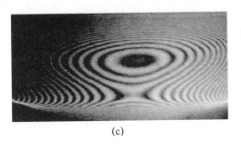
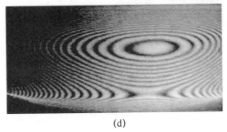

(c)　　　　　　　　　　　　　　　(d)

图 5.20　$\Delta T=5K$，腔室中填充 50%硅油，视角分别为 0°（a）、45°（b）、90°（c）和 135°（d）时得到的干涉图像

5.5　浮力射流

对浮力射流内浓度分布的测量，在各种燃料-空气混合研究和消防应用中具有重要意义[4]。实验装置的示意图如图 5.21 所示。喷嘴位于长 340mm 的测试室中。测试室的横截面为八边形，每边都等于 8.5mm。测试

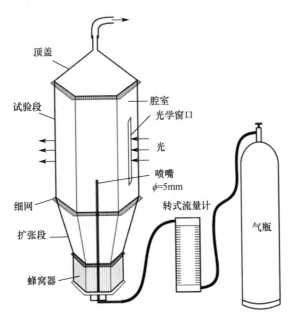

图 5.21　浮力射流实验的实验装置原理图

段的尺寸大于喷嘴（直径5mm）。由此预计来自壁面的影响很小，可以实现自由射流。测试段相当长，因此出口不会影响喷嘴近场中的流动。另外，测试段出口安装了金属丝网将射流破碎掉，降低在测试段内形成大尺度结构的可能性。大气通过蜂窝机构和金属丝网进入测试段。喷嘴放置在八角形测试段的中央。喷嘴长度为32cm，长径比为64。喷嘴出口平面处的流动预计为充分发展的层流。喷嘴通过专用的转子流量计与流量控制阀与氦气瓶相连。

  图5.22显示了氦气射流与周围空气混合时得到的彩色纹影图像。从混合物的当地密度可以计算出空气（以及氧气）的摩尔分数。图5.23将氦气射流中的氧气浓度与文献［1］中的数据进行了对比。两项研究中氧气浓度分布相似，最大偏差为10%。这种偏差可能是由于喷流的定位误差造成。图5.23也证明了通过彩色纹影分析技术可以成功得到浓度分布。

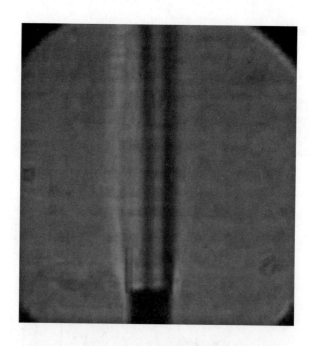

图5.22　在环境条件下垂直放置的浮力射流与空气
　　　　混合的彩色纹影图像（见彩图）

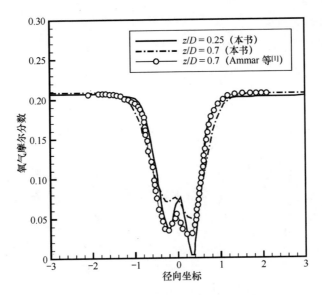

图 5.23　基于本文彩色纹影图像得到的氧气分量与文献 [1] 的结果对比

5.6　受热圆柱尾迹

钝体的尾迹是非定常的、三维的，并且随着雷诺数的增加而发生转捩[8]。当钝体被加热时，浮力能够改变流动模式。另外，流体黏性的变化也会发挥重要的影响。加热钝体尾迹的非定常特性对热交换和流动控制有着重要意义。

6.3 节介绍的文献中讨论用于对方形和圆形截面的固定和运动圆柱尾迹成像的实验装置和纹影结构。本书只讨论边缘宽度为 B 的方柱。主流是垂直向上的，方柱轴线水平放置。来流相对于方柱是冷气流。这里的雷诺数基于来流的平均速度 U、方柱宽度 B，以及来流温度的流体性质（来流温度约 24℃）来定义。另外，理查森数 Ri 定义为

$$Ri = \frac{g\beta\Delta TB}{U^2} \tag{5.8}$$

图 5.24 显示了在 $Re = 87$ 时流经加热方柱的瞬态纹影图像，它是理查森数的函数。实验开始前，初始的纹影图像是一片黑暗。仅当方柱相对于来流被加热时，才能够观察到光斑。当加热程度较低时，图像显示从尾流中心线

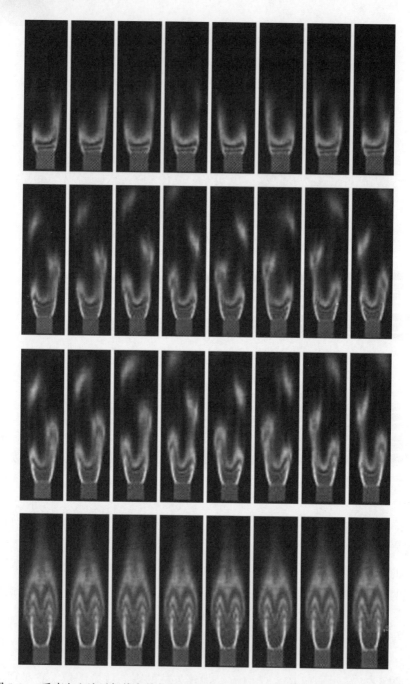

图5.24 垂直向上流过加热方柱气流的瞬态纹影图像;图像之间时间间隔为涡脱落周期的1/8,$Re=10^3$,从上到下各行的 Ri 为 0.044、0.079、0.108 和 0.138,当 $Ri>0.138$ 时,图像显示稳定的羽流,漩涡脱落被抑制了

的相对侧会有交替脱落的漩涡。加热程度较高时,可以观察到混合对流效应。当 $Ri \geqslant 0.171$ 时,漩涡脱落被抑制,观察到的是稳定的羽流。

用加热的水平圆柱体进行了类似的实验,主流向上。实验研究了抑制涡脱落的临界理查森数。将这些值与 6.3 节中介绍的文献进行了比较,对比得到的结果较好。第 6 章还讨论了其他尾流参数的比较以及温度测量的一致性的验证。

5.6.1 热线与纹影信号的对比

由于光学成像对流场无干扰,高速相机可以记录大量帧的尾迹流动。图像的每个像素上,都可以得到光强,进而构建一个时间序列。在这方面,温度随时间的变化可以充当热的示踪物,表现为光强的波动。在气体中,普朗特数约为 1,这些波动也可以用来度量速度波动。

这里将加热方柱尾迹的光强脉动谱与使用热线风速仪测量的速度脉动谱结果进行了对比。选择的位置在尾迹的中间,这样热线信号就不会被整体流体温度的升高而淹没。图 5.25 显示了热线探针的功率谱信号与由纹影信号计算出的能量谱信号的比较,包含了 3 个雷诺数。可以看出,两种测量方式中,能量谱峰值的频率几乎相等。光强的能量谱更加尖锐,噪声更低。该方法的优势在于该光学测量是非接触性的。因此,纹影适用于非流线型物体尾迹结构的光学成像。

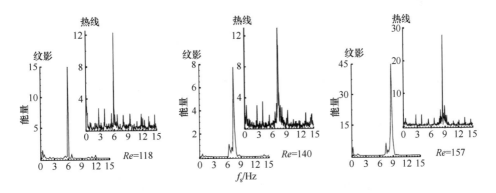

图 5.25 加热方柱尾迹由热线和纹影信号得到的能量谱的比较

参考文献

[1] Al-Ammar K, Agrawal AK, Gollahalli SR, Griffin D (1998) Application of rainbow schlieren deflectometry for concentration measurements in an axisymmetric helium jet. Exp Fluids 25: 89-95.

[2] Gebhart B, Jaluria Y, Mahajan RL, Sammakia B (1988) Buoyancy-induced flows and transport. Hemisphere Publishing Corporation, New York.

[3] Narayanan R, Schwabe D (2003) Interfacial fluid dynamics and transport processes. Lecture notes in physics. Springer, Berlin.

[4] Phipps MR, Jaluria Y, Eklund T (1997) Helium-based simulation of smoke spread due to fire in enclosed spaces. J Combust Sci Technol 157: 6386.

[5] Punjabi S, Muralidhar K, Panigrahi PK (2004) Buoyancy-driven convection in superimposed fluid laters in an octagonal cavity. Int J Therm Sci 43 (9): 849-864.

[6] Rashkovich LN (1991) KDP family of crystals. Adam Hilger, New York.

[7] Wilcox WR (1993) Transport phenomena in crystal growth from solution. Prog Crystal Growth Char 26: 153-194.

[8] Williamson CHK (1996) Vortex dynamics in the cylinder wake. Annu Rev Fluid Mech 28: 477-539.

第6章 终 篇

关键词：对比；干涉；纹影和阴影；流动显示；易于分析

6.1 引　　言

本书讨论了利用折射率变化对透明介质中的对流进行成像，通过对图像进行分析可以获得温度和溶液浓度分布。在重点介绍纹影技术的同时，也适当介绍干涉和阴影等相关技术。我们利用文献中出现的数据对这些方法进行了验证。光学图像中包含的信息是沿光路的积分结果，可以看作是场变量（如温度）的投影。这就意味着温度（或浓度）的分布可以通过断层扫描的分析程序进行重构。在某些条件下，这种方法也可以用于随时间变化的流场。本章从设置和数据分析容易程度方面比较这3种光学技术。

6.2 干涉、纹影和阴影的对比

利用干涉、纹影和阴影得到的图像可以分别获得场变量、其一阶导数和二阶导数。因此，为了得到温度和浓度等场变量必须对纹影和阴影数据进行积分，而干涉法则不需要。从这个角度看，干涉法似乎优于纹影法和阴影法。但是实际上，为了针对具体的情况选择最佳方法，还需要考虑很多其他因素。

（1）干涉法需要测量两个光束的相位差，并且需要额外的光学元件来产生干涉图谱，而纹影法和阴影法只需要单个测试光束和相当简单的测试光路。考虑到纹影法需要消除折射光束的消焦部分，阴影法是三者中最简单的。

（2）干涉图谱的分析依赖于干涉强度最小值的位置，而不是干涉强度本身，但是容易被折射误差影响。纹影和阴影数据依赖于光强测量，可能受到相机线性度和饱和度的影响。刀口处的衍射以及灰度和彩色滤光片中的误差也会出现在纹影中。如果高阶效应显著，阴影结果的分析将变得很难处理，图像只能作为定性结果显示。

（3）在低密度梯度的实验中，干涉图清晰而有用，但纹影和阴影图强度的对比度可能不够大，无法提供生动的流场图像。在高密度梯度实验中，纹影和阴影都可以产生清晰可辨的图像，而干涉图则会因为折射误差过大失效。

（4）非定常流场中，纹影和阴影将以光强变化的形式跟踪温度和浓度的时间变化，但是这些变化在干涉图中体现并不明显，因为干涉图中的信息局限在条纹上。

（5）在水和硅油等液体中形成的干涉条纹数量相当多，因为在这些介质中折射率对密度敏感程度（$dn/d\rho$）很大。在这样的实验中记录的干涉图会受到较大折射误差的影响，因而纹影法和阴影法在这种情况下占有优势。

（6）在由旋涡和其他长度及时间尺度主导的流场中，纹影法和阴影法在清晰度方面具有优势，而这种优势很难从干涉测量中得到。

总的来说，分析的简单性、仪器的易用性和适应的广泛性使得纹影法成为首选。

6.3 应　　用

由作者撰写的配套卷名为《传热传质过程成像——可视化和分析》的书中涉及了各种应用中基于折射率的成像，包括：①水溶液中晶体的生长；②加热钝体绕流；③叠加流体层中的界面输运；④浮力射流。

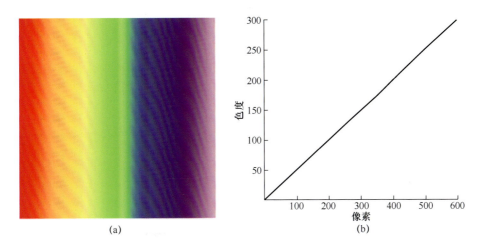

图 3.2 一维彩色滤光片（a）及色度随横坐标的变化（单位为像素）（b）

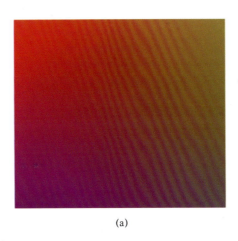

(a)

图 3.3 二维彩色滤片的示例（a），及其在水平方向（b）和
纵向方向（c）的色度变化

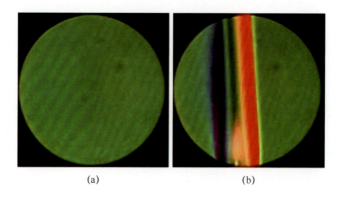

图 3.4　沿纵向方向变化的一维彩色纹影的基准图像（a）和蜡烛火焰纹影图像（b）

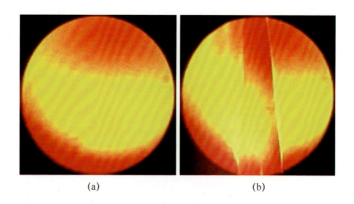

图 3.5　沿水平方向变化的一维彩色纹影的基准图像（a）和蜡烛火焰纹影图像（b）

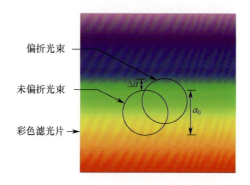

图 3.7　彩虹纹影系统中位于彩色滤光片处未偏转的和偏转的光束

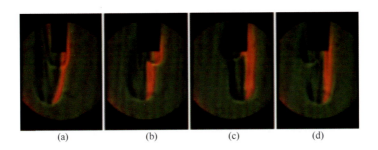

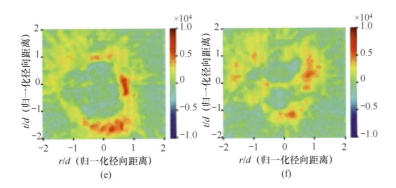

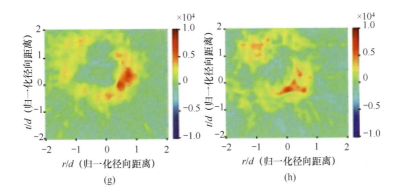

彩 4

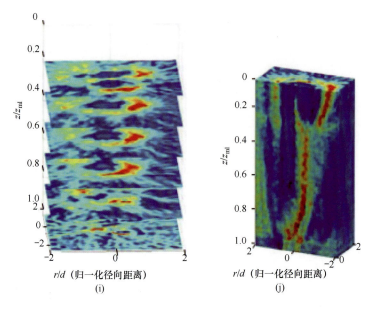

图 4.13 纹影图像及其对应的三维重构结果（(a)~(d) 彩色纹影图像对应观测角度；
(e)~(h) 重构密度梯度信息 z/z_{ml}）
(a) 0°；(b) 90°；(c) 180°；(d) 270°；(e) 0.5；(f) 0.9；(g) 0.5；(h) 0.9；
(i) 三维切片的重构截面；(j) 体式重构。

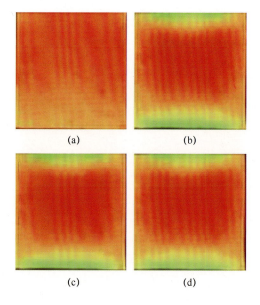

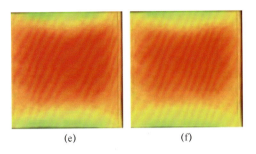

(e)　　　　　　　　(f)

图 5.3　充气矩形空腔中对流流场的发展（$\Delta T = 10K$，$Ra = 3.2 \times 10^4$）

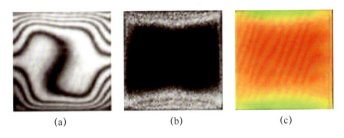

(a)　　　　　　(b)　　　　　　(c)

图 5.5　充气空腔中稳态对流行为的马赫-曾德尔干涉图像（a），单色纹影图像（b），以及彩色纹影图像（$\Delta T = 10K$，$Ra = 3.2 \times 10^4$）（c）

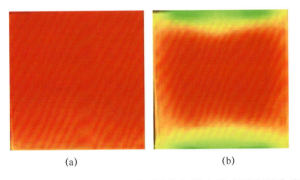

(a)　　　　　　　　(b)

图 5.7　彩色纹影 $\Delta T = 15K$，$Ra = 4.8 \times 10^4$ 时充气矩形空腔中浮力驱动对流流场的发展
　　　　（a）基础图像；（b）长时间后的对流现象。

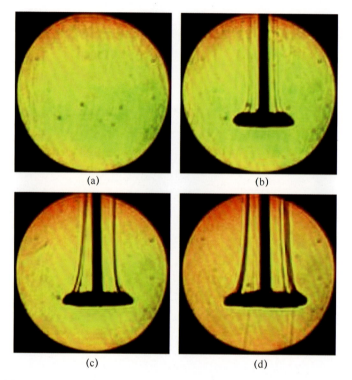

图 5.10 KDP 晶体生长过程中，对流流场发展过程的彩虹纹影图像
（a）基础图像；（b）$t=1h$；（c）$t=15h$；（d）$t=20h$。

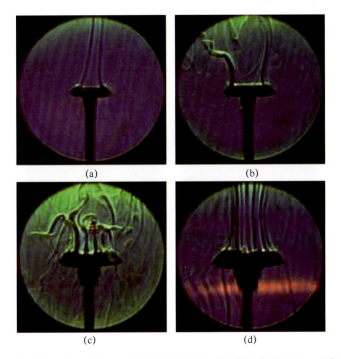

图 5.11　在平台上放置的 KDP 晶体生长过程中对流流场发展过程，观察到晶体尺寸的逐渐增加　(a) 15min 以后；(b) $t=1h$；(c) $t=30h$；(d) $t=40h$。

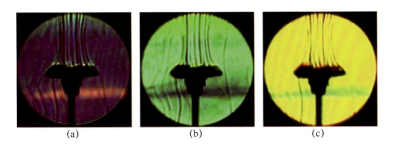

图 5.12　将溶液中的分层在滤光片 3 个不同颜色位置进行显示

彩 8

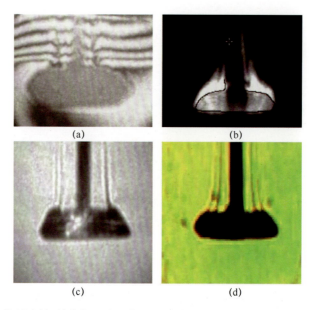

图 5.13　使用马赫-曾德尔干涉图像（a），单色纹影图像（b），阴影图像（c），以及彩色纹影图像（d）记录 KDP 晶体生长过程的流场

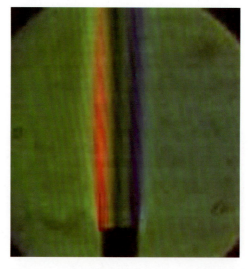

图 5.22　在环境条件下垂直放置的浮力射流与空气混合的彩色纹影图像